水闸·闸门

徐运海　张保祥　董新美　刘莉莉
孙喜壮　李　刚　何文龙　吴永红　编著

黄河水利出版社

·郑州·

内 容 提 要

本书共分为七章,第一章简要分析水闸的起源,并对水闸与闸门进行了分类;第二章根据水工闸门现在的应用情况,对具体的闸门形式进行详细解读;第三章到第五章依次列举了平板闸门、曲面闸门、组合型闸门的一些应用实例;第六章介绍了部分国内外挡潮闸门应用情况,第七章简述了一些与水闸历史有关的国内外古代部分水利工程。

本书中将平板闸门和曲面闸门以外的闸门,归结到组合型闸门中;特点是力求闸门的分类更加直观、科学、合理。本书可供从事水利工程的人员参考,也可用作学生的学习参考资料。

图书在版编目(CIP)数据

水闸·闸门/徐运海等编著. —郑州:黄河水利出版社,
2018.10

ISBN 978 - 7 - 5509 - 1923 - 5

Ⅰ.①水… Ⅱ.①徐… Ⅲ.①水闸 ②闸门 Ⅳ.①TV66

中国版本图书馆 CIP 数据核字(2017)第 311128 号

出 版 社:黄河水利出版社 网址:www.yrcp.com
　　　地址:河南省郑州市顺河路黄委会综合楼 14 层　　邮政编码:450003
发行单位:黄河水利出版社
　　　发行部电话:0371 - 66026940、66020550、66028024、66022620(传真)
　　　E-mail:hhslcbs@126.com
承印单位:河南瑞之光印刷股份有限公司
开本:787 mm×1 092 mm　1/16
印张:9.5　　　　　　　　　　　插页:2
字数:225 千字　　　　　　　　　印数1—1 000
版次:2018 年 10 月第 1 版　　　　印次:2018 年 10 月第 1 次印刷

定价:50.00 元

前　言

　　水闸是利用闸门控制流量和调节水位的低水头水工建筑物。闸门关闭可以抬高闸前水位,进而达到拦洪、蓄水或挡潮的目的。在水利工程中,水闸作为挡(潮)水、泄水或取水的建筑物应用广泛。随着新材料、新工艺的发展,闸门新形式也更加多样化,对闸门进行分类很有必要。通过多年对闸门的研究,对闸门适当进行了细化分类。同时,考虑闸门应用多样性,收集了一些闸门应用实例,供有关人员参考,更好地为广大水利工作者服务。

　　本书第一章简要分析水闸的起源,并对水闸与闸门进行了分类;第二章根据闸门分类,对具体的闸门形式进行介绍;第三章至第五章是各类闸门的应用实例;第六章讲述了部分典型挡潮闸门的应用情况,第七章介绍了一些与水闸历史有关的古代水利工程。

　　本书第一章由董新美编写,第二章由徐运海、刘莉莉编写,第三章由张保祥、李刚编写,第四章由孙喜壮、何文龙编写,第五章由董新美、吴永红编写,第六章由徐运海、张保祥编写,第七章由吴永红编写。全书由徐运海、董新美、张保祥统稿。

　　本书在编写过程中,得到了山东省级水利科研与技术推广项目"基于生态循环的城市水系统可持续性评价技术研究"(SDSLKY201601)资助,在此表示感谢。同时,还得到了水利部长江水利委员会伍友富及山东省水利科学研究院王玉太、耿灵生、刘云、田志刚等专家、教授的指导;张杰、周大光、范晓洁、贺芳丁等提供了部分资料,在此一并表示感谢。

　　由于作者水平有限,书中难免存在不当之处,恳请广大读者给予批评指正。

编　者

2017 年 12 月

目　录

第一章　水　闸

第一节　水闸的起源

一、水闸与古代水利工程

水闸是利用闸门挡水和泄水的低水头水工建筑物,古代水闸也称为水门、斗门、陡门、闸或碶;是水利工程中重要的挡水、泄水建筑物;水闸距今大约有 4 000 年的历史。埃及中王国时期,即公元前 2000 年左右,在法雍低洼地带,古埃及人修筑了一道黑拉克列欧波里斯堤坝,并设置了多处闸门,洪水被拦蓄在美利多湖里,灌溉期则通过水闸和渠道将湖水引入农田。我国有史载"台骀始为堤,伯益作闸"。水闸是随着水流控制和调节的需要而产生的,涵洞可以是开敞式的引水和排水涵洞,也可以是有闸门控制的。当最初需要对水流控制和调节时,就已经开始了闸涵的历史,因此它们的起源至少可以追溯到农业文明初期。《越绝书》是我国最早记载水闸文字的文献;其中《越绝书·外传记 吴地传》和《越绝书·外传记 地传》两篇,详述吴、越两国国都及其周边的城池道路、山川形势、宫殿陵墓、农田水利、工场矿山及地理特征等。《越绝书·外传记 吴地传》中记载"吴古故祠江汉于棠浦东,江南为方墙,以利朝夕水"。棠浦是北入长江的一条水道,在其入江口上为方墙,而达到"利朝夕水"的目的。方墙亦即板墙,通过筑板墙使得长江水位免受潮汐影响,以改善江南棠浦的水利条件;原因在于高潮位顶托棠浦时,关闭板闸,隔绝咸潮,蓄积淡水,有利于上游取淡水饮用和灌溉。

在古代,水利工程一般包括防洪工程、蓄水及引水灌溉工程。《尚书·禹贡》中记载的公元前 2280 年左右大禹治水,首先就是防洪。

世界上蓄水及引水灌溉工程起源可以追溯到新石器时代,公元前约 4400 年,埃及人就开始引水淤灌尼罗河平原;公元前 2500 年左右,印度就有引洪淤灌;公元前 2200 年,巴比伦在底格里斯和幼发拉底河建造了当时世界上最大的奈赫赖万灌溉渠道等。

我国是最早修建水利工程的国家之一,商周时期有"滮池北流,浸彼稻田"和"以潴蓄水,以防止水"的说法。灌排引水工程分无坝引水和有坝引水,无坝引水一般有一个或多个取水口,枢纽施工较简单,适宜于河流水源丰富,水位、流量均能满足灌溉用水要求的河流下游或平原地区采用。有坝引水工程距灌区较近,干渠较短,能有效控制河道水位,引水可靠。公元前 598 年至前 591 年,楚令尹孙叔敖在今安徽省寿县建芍陂灌区时,即设五个闸门引水。以后随着建闸技术的提高和建筑材料新品种的出现,水闸建设也日益增多。

我国也是建造船闸最早的国家之一。秦始皇三十三年(公元前 214 年)凿灵渠,设置陡门,又称斗门(今名闸门),用以调整斗门前后的水位差,使船舶能在有水位落差的航道上通行。这种陡门构成单门船闸,简称单闸,又称半船闸。南朝宋景平年间(公元 423 ~

424年),在扬子津(今江苏省扬州市扬子桥)河段上建造了两座陡门,顺序启闭这两座陡门,控制两陡门间河段的水位,船舶就能克服水位落差上驶或下行。北宋雍熙年间(公元984～987年)在西河(今江苏省淮安至淮阴间的运河)建造两座陡门,间距50步(约合83m),陡门上设有输水设备,这就是中国历史上有名的西河闸,是现代船闸的雏形。

2006年5月,广州市政府南越国木构水闸遗址等申报世界文化遗产。该水闸位于当时南越国都城番禺城的南城墙,遗址距今地表深约4m,水闸设引水渠、闸室、出水渠等;自北向南可分为引水渠、闸室和出水渠三部分。现存长20.1m。水闸功能与现代水闸功能基本相同,具有防潮、泄洪、引水等多重功能。其为目前世界上发现的年代最早、保存最完整的木构水闸遗址,于2007年6月9日起公开展出。

上海元代水闸遗址博物馆是迄今为止中国最大的元代水利工程遗址,也是国内已考古发掘出的规模最大、做工最好、保存最完整的元代水闸,占地总面积约1 500 m²。水闸的功用是泄水挡沙,以助吴淞江的防淤和疏浚。涨潮时关闭闸门,使泥沙沉积在闸门外。退潮时开启闸门,利用水闸内外的水流落差,将沉积的泥沙冲走。

二、古代闸门类型

古代水闸用途和功能与现代水闸大同小异,其闸门形式主要有:按建筑结构可分为叠梁闸板的石闸、整体木闸板的石闸、草闸和涵管等。

(1)叠梁闸板的石闸:闸门为叠梁木板,闸墩采用浆砌条石;其启闭设备要求不高,止水效果较差。图1-1-1是叠梁木闸。

(2)草闸:利用草土构筑的闸门,是黄河防洪技术在灌溉工程上的应用。

(3)涵管:王桢在《农书》中称之为瓦窦,是一种小型农田灌溉闸门。瓦窦,泄水器也,又称涵管。以瓦筒两端牙锷相接,置于塘堰之中,时放田水,须于塘前堰内叠作石槛以护筒口,令可启闭。图1-1-2是瓦窦形制。

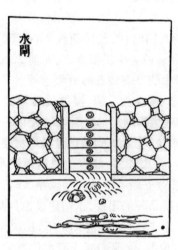

图1-1-1　叠梁木闸

图1-1-2　瓦窦形制

第二节 水闸组成与分类

水闸是一种利用闸门挡水和泄水的低水头水工建筑物,多建于河道、渠系及水库、湖泊岸边。

一、水闸的组成

水闸一般由闸室、上游段和下游段三部分组成。

(1)闸室是水闸的主体,设有底板、闸门、启闭机及控制室、闸墩(胸墙)、工作桥、交通桥等。闸门用来挡水和控制过闸流量,闸墩用以分隔闸孔和支承闸门、胸墙、工作桥、交通桥等。底板是闸室的基础,将闸室上部结构的重量及荷载通过底板向地基传递,兼有防渗和防冲作用。闸室分别与上、下游段和两岸建筑物连接。

(2)上游段由护底、铺盖、两岸翼墙和护坡组成,用以引导水流平顺地进入闸室,延长闸基及两岸的渗径长度,确保渗透水流沿两岸和闸基的抗渗稳定性。

(3)下游段一般由消力池、护坦、海漫、防冲槽、两岸翼墙、护坡等组成,用以引导出闸水流均匀扩散,消除水流剩余动能,防止水流对河床及岸坡的冲刷。

二、水闸分类

(一)根据水闸的作用分类

(1)节制闸:拦河或在渠道上建造,用于拦洪、调节水位或控制下泄流量。位于河道上的节制闸也称拦河闸。

(2)进水闸:建在河道、水库或湖泊的岸边,用来控制引水流量。进水闸又称取水闸或渠首闸。

(3)分洪闸:常建于河道的一侧,用来将超过下游河道安全泄量的洪水泄入分洪区(蓄洪区或滞洪区)或分洪道。分洪闸是双向过水的,洪水过后再从此处将蓄水排入河道。

(4)排水闸:常建于江河沿岸,用来排除内河或低洼地区对农作物有害的渍水。排水闸也是双向过水的,当江水水位高于内湖或洼地时,排水闸以挡水为主,防止江水漫淹农田或民房;当江水低于内湖或洼地时,排水闸以排渍排涝为主。

(5)挡潮闸:建在入海河口附近,涨潮时关闸,防止海水倒灌;退潮时开闸泄水,具有双向挡水的特点。挡潮闸类似排水闸,但操作更为频繁。外海潮水位比内河水位高时关闭闸门,防止海水向内河倒灌;外海潮水位低于内河水位时再开闸放水。

(6)冲沙闸(排沙闸):建在多泥沙河流上,用于排除进水闸、节制闸前或渠系中沉积的泥沙。

(7)为排除冰块、漂浮物等而设置的排冰闸、排污闸等。

(二)根据闸室结构形式分类

(1)开敞式:过闸水流表面不受阻挡,泄流能力大。

(2)胸墙式:闸门上方设有胸墙,可以减小挡水时闸门上的力,增加挡水变幅。

(3)涵洞式:闸门前为有压或无压洞身,洞顶有填土覆盖。多用于小型水闸。

（三）根据过闸流量大小分类

根据过闸流量大小可分为大型、中型和小型三种形式。

过闸流量在 1 000 m³/s 以上的为大型水闸；过闸流量在 100～1 000 m³/s 的为中型水闸；过闸流量小于 100 m³/s 的为小型水闸。

第三节　闸门作用与组成、分类

闸门是安装在水闸或管道上可以启闭，从而控制水位或流量的设备。《正字通·门部》中记载"今漕艘往来，甬石左右如门，设版潴水，时启闭以通舟门曰闸门，河曰闸河。"闸门为用于关闭和开放泄（放）水通道的控制设施，是水工建筑物的重要组成部分，可用以拦截水流、控制水位、调节流量、排放泥沙和漂浮物等。

一、闸门组成

在水利工程中，闸门的作用主要是挡、泄（放）水，广义上包括闸门和阀门，一般由三部分组成：①主体活动部分，用以封闭或开放孔口，通称闸门，亦称门叶；②埋件部分；③启闭设备。

主体活动部分包括面板梁系等承重结构、支承行走部件、导向及止水装置和吊耳等。埋件部分包括主轨、导轨、铰座、门楣、底槛、止水座等，它们埋设在孔口周边，用锚筋与水工建筑物的混凝土牢固连接，以便将门叶结构所承受的水压力等荷载传递给水工建筑物，并获得良好的闸门止水性能。启闭机械与门叶吊耳连接，以操作控制活动部分的位置，但也有少数闸门借助水力自动控制操作启闭。

二、闸门分类

闸门材料种类繁多，形式千变万化，目前没有统一的分类标准。在《水利水电工程钢闸门设计规范》（SL 74—2013）中，仅对平面闸门、弧形闸门、定轮闸门、滑动闸门四种给出了名词解释。由于闸门形式发展很快，各种门型层出不穷，为使用方便，需要对门型进行定义、分类。

（一）按材料分类

按材料分类，可分为木闸门、木面板钢构架闸门、铸铁闸门、钢闸门、钢筋混凝土闸门、复合材料闸门等。

（二）按闸门门顶与水平面相对位置分类

按闸门门顶与水平面相对位置分类，可分为露顶式闸门和潜没式闸门。有些按闸门过流时所处状态分为门顶过水、门底过水和闸门处在流水中三种形式。

（三）按开启方式分类

按开启方式分类，可分为螺杆启闭、卷扬机启闭、液压启闭、水力自启闭、气（水）动盾形启闭等。

（四）按运行方式分类

按运行方式分类，可分为滑轮闸门、滑动闸门、升卧闸门、转动闸门等。

（五）按工作性质分类

按工作性质分类，可分为工作闸门、事故闸门、检修闸门、快速闸门。其中，工作闸门指承担主要工作并能在动水中启闭的闸门；事故闸门指闸门的下游（或上游）发生事故时，能在动水中关闭的闸门。当需要快速关闭时，也称为快速闸门。检修闸门指水工建筑物及设备检修时用以挡水的闸门，这种闸门在静水中启闭。

（六）按闸门重要性和规模分类

水工金属结构产品生产许可证实施细则中，对水工金属结构产品单元、产品品种及规格型号进行了划分，其中对平面门、弧形门、拦污栅及一些闸阀进行了划分，一般分为超大型、大型、中型、小型等，见表1-3-1。而对一些新型的闸门、闸阀规模缺少单独的解释或说明。实际工程中可能存在闸门与枢纽工程规模不完全一致的情况。

表 1-3-1　水工金属结构产品单元、产品品种及规格型号

产品	序号	产品品种	规格型号		
			规格		型号
闸门	1	平面滑动闸门			
	2	平面定轮闸门	小型		$FH \leq 200$
	3	平面链轮闸门	中型		$200 < FH \leq 1\,000$
	4	人字闸门	大型	大Ⅰ型	$1\,000 < FH \leq 2\,000$
				大Ⅱ型	$2\,000 < FH \leq 3\,500$
				大Ⅲ型	$3\,500 < FH \leq 5\,000$
	5	弧形闸门	超大型		$FH > 5\,000$
	6	拦污栅	注：FH＝门叶面积(m^2)×设计水头(m)，人字闸门的门叶面积按双扇计算		
阀门	7	蝶阀	小型		$FH \leq 100$
	8	锥形阀	中型		$100 < FH \leq 400$
			大型		$400 < FH \leq 1\,000$
			超大型		$FH > 1000$
	9	球阀	注：FH＝过流面积(m^2)×水头(m)		

（七）本次闸门分类

在《中国水利百科全书》中，闸门共分为平面闸门、弧形闸门、拱形闸门、人字闸门、横拉闸门、扇形闸门、扉形闸门、排针闸门、舌瓣闸门、翻板闸门、屋顶闸门、圆辊闸门、圆筒闸门、环形闸门、叠梁闸门等。在《水电站机电设计手册＋金属结构（一）》中，将闸门分为8类32种闸门。本次考虑闸门形式、结构特征和运行方式等因素，对闸门分类进行了规整简化，将闸门分为平面闸门、曲面闸门、组合型闸门及其他形式闸门共四大类，计50多种闸门（阀），增加了盾形闸门以及多种翻板闸门等形式。本次水工闸门（阀）分类见表1-3-2。

表 1-3-2　水工闸门(阀)分类

编号	挡水面体形与特征			运移方式			闸门(阀)名称	说明
1	平面闸门			直升式			滑动闸门	
							定轮闸门	
							链轮闸门	
							串轮(辊)闸门	
							齿轮同步直升平面闸门	
							螺杆铸铁闸门	
				横拉式			横拉闸门	
				转动式	横轴		集成式液压钢坝闸门	转轴在底部
							液压翻板闸门或液压升降坝	
						水力自控翻板闸门	单铰式翻板闸门	
							双支点水力自控翻板闸门	
							多铰式翻板闸门	
							连杆滚轮式水力自控翻板闸门	
							液压辅控式水力自控翻板闸门	
							滑块式水力自控翻板闸门	
							盖板(拍门)	
							悬挂式挡水闸门	
					竖轴		三角闸门	
							人字闸门	
							一字闸门	
				浮沉式			浮箱式闸门	
				直升-转动-平移			升卧式闸门	分上、下游升卧
				横叠式			叠梁闸门	分普通、浮式
				竖排式			排针闸门	
2	曲面闸门	弧形	转动式	横轴			弧形闸门	转轴位于门槛以上一定高度
							下沉式弧形闸门	
							反向弧形闸门	
				竖轴			竖轴式弧形门	
				齿轮同步升降			齿轮同步升降式弧形闸门	
		拱形	升卧式	上翻式			压拱闸门	
							拉拱闸门	

续表 1-3-2

编号	挡水面体形与特征		运移方式	闸门(阀)名称	说明
2	曲面闸门	立式圆管形		圆筒闸门	
		水力自动弧形闸门	横轴转动式	扇形	铰轴位于下游底槛上
				鼓形	铰轴位于上游底槛上
		双曲面闸门		双曲扁壳闸门	
3	组合型闸门			双扉闸门	
				舌瓣闸门	
				气(水)动盾形闸门	
4	其他形式闸门	屋顶形	横轴转动式	屋顶闸门(浮箱闸门)	
		圆辊形	横向滚动式	圆辊闸门	水力自动滚筒闸
		球形	滚动式	球形闸门	
		渠系水力自控闸门		上游常水位闸门	
				下游常水位闸门	
				AWS-水力翻斗式	
				ASK 自动调节浮箱堰	
				ASA 智能冲洗拦砂液压闸	
				SK 下开式堰门	
				AWS 智能拦蓄盾	
		闸阀	移动式	针形阀	
				管形阀	
				空注阀	
				锥形阀	分外、内套式
				闸阀	
			转动式	蝴蝶阀	分卧轴、立轴
				球形阀	分单、双面密封

第二章 各具特色的闸门形式

根据闸门构造分类情况,对每种闸门的形式与特点介绍如下。

第一节 平面闸门形式与特点

平面闸门一般为能沿直线升降启闭、具有平面挡水面板的闸门,其闸门门叶在门槽内做直线运动以封闭或开放水道。平面闸门制造、加工较容易,运行安全可靠,维修方便;作为工作闸门、事故闸门和检修闸门,广泛用于各种水工建筑物上。平面闸门自重大,所需启门力亦大,门槽水力学条件较差,因此在高流速的水道上工作闸门的使用范围受到限制。平面闸门主要由门叶、埋设构件和启闭设备三部分组成。

平面闸门包括直升式、横拉式、转动式、浮沉式、升卧式、横叠式与竖排式等。平面闸门支承形式可分为滑动式、定轮式、链轮式等。

一、直升式平面闸门

(一)滑动闸门

滑动闸门为闸门边梁上装有滑道或滑块作为支撑行走部件的平面闸门。闸门边梁上装有滑道或滑块,或门中部设螺杆进行启闭。门叶主要由面板、次梁、主梁、边柱、吊耳、止水装置及支撑行走部分(滑道和侧反导向装置)组成。门槽由主、侧、反支撑轨道、止水和底槛等组成。与其他闸门的区别是其主要支撑行走部分采用滑动形式的滑道。滑块材料根据水在滑块单位长度上的压强大小及其摩擦性能来选定,包括木、钢、金属和胶合压木滑道等;闸门与门槽相互配合可起到控制水流的作用。

特点:闸门尺寸较小,构造简单,安装容易,施工方便,重量较轻,止水严密,但也存在一些问题,如摩阻力较大、启闭费力,封水难度大,高速水流下门槽易空化及闸门振动等。闸门的空化和振动两大问题是闸门运行安全的主要控制因素。因此,在闸门设计时应该从水力和结构两方面控制或减免闸门的空化和振动。

应用范围:该滑动闸门适用于闸孔尺寸较小,作用水头不大的情况;实际一般用作检修闸门,较少用在工作闸门中。

一般滑动闸门示意图见图 2-1-1。

(二)定轮闸门

定轮闸门为闸门边梁上装设定轮作为支撑行走部件的平面闸门。门叶结构和门槽埋设件基本与滑动闸门相似,仅在两侧边柱(梁)装置固定的滚轮作为主要支撑行走部分。根据闸门承受荷载大小选用不同材质的滑轮。滚轮材料一般有铸铁、铸钢、合金铸钢等。滑轮分简支和悬臂式两种;图 2-1-2 为定轮闸门示意图。

特点:构造较复杂,闸门与埋件的摩阻力小,可在动水中启闭。

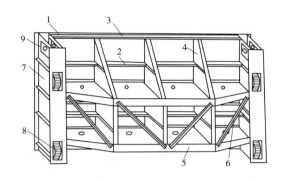

1—面板;2—水平次梁;3—顶梁;4—横隔板(或竖直次梁);5—主梁;
6—纵向连接系;7—边梁;8—滚轮(主支承);9—吊耳
图 2-1-1　一般滑动闸门示意图

应用范围:应用历史悠久且范围较广,一般用作事故闸门或工作闸门。

(三)链轮闸门

链轮闸门为装置滚轮或履带组成链条环绕两侧边柱滚动启闭的平面闸门。链轮闸门是直升式平面钢闸门的一种,链轮闸门主要由门体(包括面板、横梁、隔板和边柱)、滚链、辊柱、止水装置以及吊耳组成。其门叶和门槽与滑动闸门基本相似,仅在主要支撑行走部分采用多根辊柱。这些辊柱用链板连接成无极滚轮,绕门叶边柱支撑面转动,使闸门沿轨道升降。链轮闸门的辊柱有长辊柱和

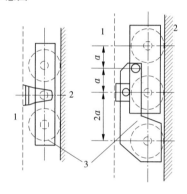

1—门叶;2—轨道;3—平衡小车
图 2-1-2　定轮闸门示意图

短辊柱两种,长辊柱的长度与直径之比为 2~2.5,短辊柱的长度与直径之比为 1~1.5。国内外大多数链轮闸门都采用短辊柱。链轮闸门的辊轮要求转动灵活,链条需是环形整体,各辊轮与走道面接触良好,链轮无扭曲现象。图 2-1-3 为链轮闸门示意图。

链轮是闸门的关键部件,链片采用优质碳素钢制造,辊柱采用合金钢结构并在表面镀不锈金属。辊柱要求有一定的表面硬度和淬火深度。对于装配式,链片轴孔内要装青铜轴套,链片间嵌以铜隔环。

由于闸门承受的荷载由多根辊柱传递给轨道,它能承受较大荷载,适于较高水头下工作,具有摩擦阻力小、启闭力较小(因为链轮承压后在均衡座及门槽轨道踏面上的滚动摩擦力很小)的优点,但也有对环境要求较高的缺点。如果链轮被卡死,链轮的连接板有拉断的可能,从而导致事故,如苏联的努列克电站就发生过卡阻事故。

特点:最大的优点是链轮受力均匀,能承受的荷载大,而且摩擦系数小,抗震性能高。缺点:结构复杂、造价高、运行维护比较困难,运行稳定性稍差。

应用范围:适于较高水头下工作。

(四)串辊闸门

串辊闸门为用独立设置在门叶边梁与主轨之间的一串辊轴作为支撑行走部件的平面

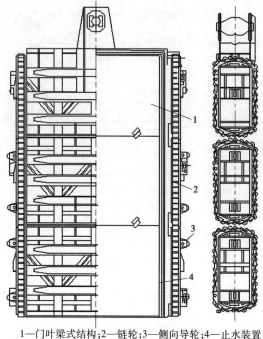

1—门叶梁式结构;2—链轮;3—侧向导轮;4—止水装置

图 2-1-3 链轮闸门示意图

闸门,其门叶结构和门槽形式与滑动闸门相似,仅支撑行走部分是分离的,又称串轮闸门。19 世纪由司东奈所首创,故又称司东奈闸门(stoney gate),串辊闸门示意图见图 2-1-4。

辊条独立于门叶和轨道布置,启闭时门叶在辊条上滚动,辊条在轨道上滚动,所需启闭力较小。但辊条行程仅为门叶行程的一半。如需检修,需要增加其他辅助启闭设备。当门叶提出水面时,辊条下段仍悬留在水中,易出事故,在发展中已逐渐被履带闸门所代替。

特点:闸门的串轮阻力小,由于串轮经常部分留在孔口门槽中,易被泥沙污物堵塞、磨损,不便检修。

应用范围:应用较少。

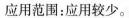

图 2-1-4 串辊闸门示意图

(五)齿轮同步直升平面闸门

该闸门由山东省水利科学研究院田志刚等提出,分为齿轮同步直升平面闸门和滑轮同步直升弧形闸门。齿轮同步直升平面闸门,在闸门边梁上装有齿轮、门轨装有齿条作为支撑行走部件的平面闸门。其基本原理是在两侧闸门的滑道上设置齿条限位装置,使闸门两侧同步提升。门叶主要由挡水面板和背水面板、桁架、吊钩、齿轮以及止水装置等组成,齿条安装在支撑轨道上;由于闸门相对垂向轴严格对称,电机带动转动轴上两侧的齿轮沿齿条移动,闸门实现启闭。闸门与齿条相互配合可起到控制水流的作用。图 2-1-5

为齿轮同步直升平面闸门示意图。

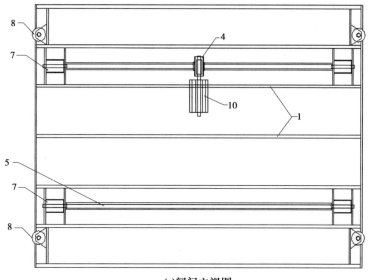

(a)闸门立视图

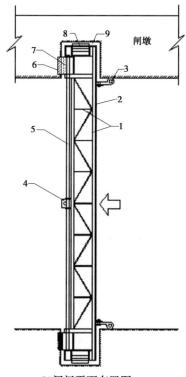

(b)闸门平面布置图

1—桁架;2—挡水面板;3—止水;4—变速箱;5—同步通轴;
6—齿条;7—齿轮;8—侧限位平轮;9—门槽;10—电机

图 2-1-5　齿轮同步直升平面闸门示意图

特点:闸门尺寸较小,构造简单,安装容易,施工方便,重量较轻;有效解决了闸门运行中不能同步启闭现象。

应用范围:适用于闸孔尺寸较小,作用水头不大的情况。

(六)螺杆铸铁闸门

螺杆铸铁闸门是一种小型平面闸门,广泛应用于取水输水、市政、给排水、农田灌溉等工程中。螺杆铸铁闸门分为方形、圆形铸铁闸门,通常采用螺杆启闭。

螺杆启闭滑动闸门示意图见图2-1-6。

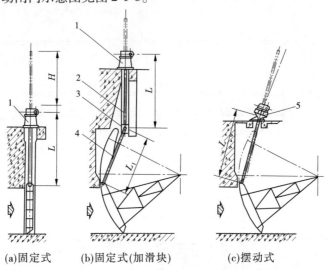

(a)固定式　　(b)固定式(加滑块)　　(c)摆动式

1—固定式螺杆启闭机;2—滑槽;3—滑块;4—连杆;5—摆动式螺杆启闭机

图2-1-6　螺杆启闭滑动闸门示意图

二、横拉式平面闸门

横拉式平面闸门是沿水平方向移动的平面闸门,广泛应用于内河双向水级的船闸上。其门叶结构与直升平面闸门基本相似,但支承和行走系统设在不同的位置,支撑部分仍置于边柱上,行走部分的走轮或小车分设在门叶对角线上,以支持闸门重量为主;其一组位于门顶,沿埋设有门库的轨道行走;另一组设在门底,沿水下门坑埋设的轨道行走,见图2-1-7。该闸门门叶刚度大,可承受双向水压,在动水中运行困难,需平压后方能操作,在有防洪、排涝及无平压条件的水闸上使用显然是不合理的。

特点:该闸门封闭面积大,门叶刚度大,可承受双向水压,在动水中运行困难,需平压后方能操作,需要较大的门库和门坑;易被泥沙污物堵塞、磨损,不便检修。

应用范围:主要用于承受双向水头静水启闭的船闸工作闸门。

三、转动式平面闸门

(一)集成式液压钢坝闸门

集成式液压钢坝闸门是一种底轴驱动翻板闸门,即支臂卧倒式钢闸门及集成式启闭机系统,支臂卧倒式钢闸门是利用力矩平衡的原理进行工作的,其工作状态可分为静态和动态两种。所谓静态,是指钢闸门在某一开度静止不动,作用在门上的各个力构成一静定

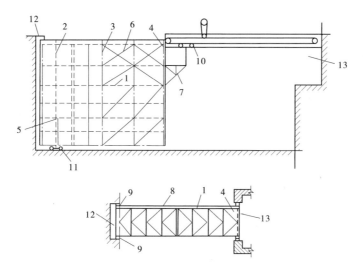

1—主横梁;2—次梁;3—竖立桁架;4—端柱;5—加强桁架;6—连接杆;

7—三角桁架;8—面板;9—支撑木;10—定轮小车;11—底轮;12—门槛;13—门库

图 2-1-7　横拉式平面闸门示意图

平衡力系的状态。钢闸门处于静态时,闸门的上下游水位稳定不变,且过闸的流量为常量。当水位不满足需要时,闸门的开度就需要随着需求而改变。闸门根据实际需求从某一开度过渡到另一开度的过程,称之为支臂卧倒式钢闸门的动态过程。处于动态过程中运动着的支臂卧倒式钢闸门,作用在门上的各个力是变化的,而且是不平衡的。

根据闸门在静态工作时门上各个力的大小和它们之间的相互平衡关系来分析闸门的工作状态,称之为支臂卧倒式钢闸门的静态工作原理。根据支臂卧倒式钢闸门在运动过程中所受的力和这些力在运动过程中的变化,来分析支臂卧倒式钢闸门在运动过程中的工作状态,称之为支臂卧倒式钢闸门的动态工作原理。根据相关闸门资料分析,一个性能良好的支臂卧倒式钢闸门不但要求在静态工作时门上作用力要互相平衡,而且在动态工作中也要保证支臂卧倒式钢闸门能平稳地从一个静止状态过渡到另一个静止状态,避免"拍打"等对闸门不利的现象。

支臂卧倒式钢闸门在启闭过程中,门叶完全由门后的支臂桁架结构支撑,绕支铰转动,桁架结构由集成式启闭机推动。

集成式启闭机是一种机电液一体的新型启闭机构,它以液压缸为主体,是油泵、电动机、油箱、滤油器、液压控制阀组合的总成。工作的原理是以电机为动力源,电机带动双向油泵输出压力油,通过油路集成块等元件驱动活塞杆来控制闸门的开关。电动机、油泵、液压控制阀和液压缸装在同一轴线上,只需接通电机的控制电源,即可使活塞杆位移往复运动。液压控制阀组合由溢流阀、调速阀、液压单向阀等阀组组成,活塞杆的伸缩由电机正反向旋转控制。具有动作灵活、行程控制准确、自动过载保护等性能,当运行受阻时,油路中压力增高到调定的限额,溢流阀迅速而准确地溢流,实行过载保护,电机运转在额定值内不会烧毁。当启闭机运行到调定行程终端时,启闭机油路集成块中设计了自锁机构,电机停止,活塞杆则自锁在此位置上,处于保压状态。

图 2-1-8 为集成式液压钢坝闸门示意图。

特点:采用了集成式启闭机,结构简单,能够实现双向挡水、灵活启闭、闸门开度无级可调,方便调度、工程隐蔽、无碍防汛和通航,闸门门顶过水时,形成的人工瀑布有效改善了河道景观。闸门启闭完成依靠底部转轴力矩控制。

应用范围:这种建筑物适合于闸孔较宽(10~100 m)而水位差比较小的工况(1~7 m)。

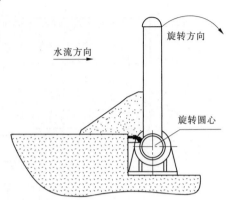

图 2-1-8　集成式液压钢坝闸门示意图

(二)液压翻板闸门或液压升降坝

液压升降坝是一种采用自卸汽车力学原理,结合支墩坝水工结构形式的活动坝,具备挡水和泄水双重功能。

液压升降坝的构造由弧形(或直线)坝面、液压杆、支撑杆、液压缸和液压泵站组成。用液压缸直顶以底部为轴的活动拦水坝面的背部,实现升坝拦水、降坝行洪的目的。采用滑动支撑杆支撑活动坝面的背面,构成稳定的支撑墩坝。采用小液压缸及限位卡,形成支撑墩坝固定和活动的相互交换,达到固定拦水、活动降坝的目的。采用手动推杆开关,控制操作液压系统,根据洪水涨落,人工操作活动坝面的升降。其结构如下:

(1)活动面板的底部为铰链轴,将活动面板固定在拦水坝的基础上。

(2)活动面板有两种形式:一种是平面板,一种是弧形彩色面板。坝面高度 1.5~6 m,每扇门板的标准宽度为 6 m。

(3)液压缸的下部以基础底板为受力点。液压缸的上部铰接在活动门板的背面。液压缸伸缩带动活动门板做活页式扇形启闭,达到拦水或降低高水位以及泄水的目的。

(4)支撑杆下部安装滑轮,滑轮可以前后运动。

(5)控制支撑杆下部滑轮运动的是解锁装置,解锁装置由小液压缸控制,可保持面板稳定于任意开度。

(6)控制室设在岸边。采用浮标开关控制液压系统,实现无人管理,在洪水达到设定水位时,自动放坝行洪。

图 2-1-9 为液压翻板闸门示意图。

特点:跨度大,结构简单,力学结构科学、不阻水、不怕泥沙淤积;不受漂浮物影响,操作灵活;放坝快速,不影响防洪安全;抗洪水冲击的能力强。与集成式液压钢坝闸门的区别在于其坝后可由支座支撑。

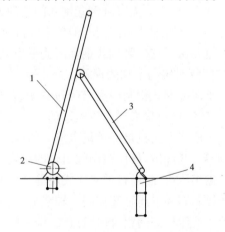

1—面板;2—转轴;3—支撑杆;4—液压驱动设备

图 2-1-9　液压翻板闸门示意图

应用范围:广泛应用于农业灌溉、渔业、船闸、海水挡潮、城市河道景观工程和小水电站等建设。

（三）水力自控翻板闸门

水力自控翻板闸门形式较多,包括翻板闸门、扇形闸门、鼓形闸门以及渠系专用水力自动闸门等。本书介绍了水力自控翻板闸门,扇形闸门、鼓形闸门见本章第二节,渠系水力自控闸门见本章第四节。

翻板闸门包括水力自控翻板闸门和外控翻板闸门两种。水力自控翻板闸门为借助水力和闸门自重等条件,能自动完成闸门的开启、全开、回关动作的闸门。自 20 世纪 60 年代初第一代水力自控翻板闸门诞生,先后历经了横轴双支铰型、多支铰型、滚轮连杆式和滑块式水力自控型四个发展阶段。自 1982 年以来,第三代滚轮连杆式闸门便开始广泛应用,即垂直挡水翻板闸门,该种翻板闸门采用双支点带连杆方式。1983 年以来,翻板闸门改进成向下游预倾一个角度的形式,采用向下游有一定的预倾角度的滚轮连杆式闸门,能有效防止翻板闸门的小开度振动拍打现象。1990 年后,广大工程技术人员刻苦钻研、反复试验,从理论到水工模型试验,再到工程实践,近几年终于设计研发出第四代新型滑块式翻板闸门。该闸门无论是技术设计、生产工艺,还是使用性能,均产生了质的飞跃。

水力自控翻板闸门包括连杆滚轮式水力自控翻板闸门、双支点水力自控翻板闸门以及液压辅控式水力自控翻板闸门等。在文献[12]中,对水力自控翻板门进行了较为详细的分解,又分为单铰式翻板闸门、双铰轴翻板闸门、多铰翻板闸门、液压辅控式翻板闸门、链杆轮式水力自控翻板闸门以及滑块式翻板闸门等。同集成式液压钢坝闸门一样,水力自控翻板闸门也是一种转动式平面闸门,包括活动和固定两部分。活动部分由面板、支架、支撑铰和止水构件组成。门叶多采用钢筋混凝土或钢结构。

水力自控翻板闸门具有以下特点:

（1）原理独特、结构简单、制造方便、运行安全。可根据用户需要的闸高、闸宽、启动水位、回关水位等要求,设计各种尺寸、性能的翻板闸门。

（2）无须机电设备及专人操纵泄流,维护简单,造价合理,投资大幅度低于常规闸。

（3）由于能准确自动调控水位,闸门运行平稳、安全可靠。

适用范围:主要应用于水库溢洪道、水电站、航运及农田灌溉、城市环保等方面。

各种水力自控翻板闸门分述如下。

1. 单铰式翻板闸门

翻板闸门后采用横轴单铰的翻板闸门,称单铰式翻板闸门,如图 2-1-10 所示。该翻板闸门一般适用于下列情况:①洪水来势较猛,需及时开放孔口宣泄洪峰流量;②无论上游水域流量如何变化,要求保持一定的上游水位;③闸门所在地区较偏僻,交通不方便又无电源或缺少电力保证,日常监督困难较大的地区;④水工建筑物等级较低,对水能利用要求不严格的工程等。水力自控翻板闸门多用于小型灌溉渠道等工程。

2. 双支点水力自控翻板闸门

为克服单铰式翻板闸门存在的问题,在单铰式翻板闸门铰的上端一定距离再增设一个支铰,称双支点水力自控翻板闸门,见图 2-1-11。支撑构件采用导轨滑轮组形式的水力自控翻板闸门,由面板、支腿、导轨、滑轮组、支墩和限位墩等主要部分组成。

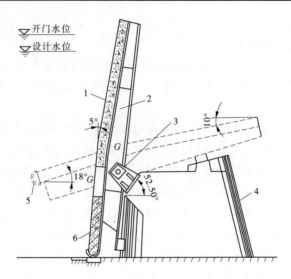

1—木或混凝土面板;2—钢板;3—支铰;4—支墩;5—配重;6—钢筋混凝土面板

图 2-1-10　单铰式翻板闸门示意图

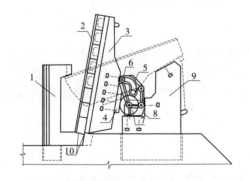

1—限位墩;2—面板;3—支腿;4—直轨;5—导轨;
6—动滑轮;7—定滑轮;8—轮座;9—支墩;10—止水

图 2-1-11　双支点水力自控翻板闸门示意图

3. 多铰式翻板闸门

将高程不同双铰翻板闸门的支铰改成多个不同高程的支铰,即为多铰式翻板闸门,见图 2-1-12。

4. 滚轮连杆式水力自控翻板闸门

支承构件采用滚轮连杆形式的水力自控翻板闸门,由门板、支腿、连杆、滚轮和支墩五大部分组成。图 2-1-13 为滚轮连杆水力自控翻板闸门示意图。

5. 滑块式水力自控翻板闸门

20 世纪 90 年代,在链杆轮式水力自控翻板闸门的基础上,提出了滑块式水力自控翻板闸门,用滑动摩擦代替滚动摩擦,大大提高了闸门运行稳定性。图 2-1-14 为滑块式水力自控翻板闸门示意图。

(四)盖板闸门(拍门)

盖板闸门又称拍门,是一种转动式平面闸门。其安装于排水管道的尾端,具有防止外

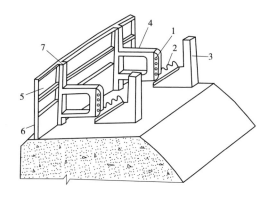

1—铰轴;2—铰轴座;3—支承立柱;4—支腿;
5—上部混凝土空心板;6—下部混凝土实体面板;7—大纵梁

图 2-1-12　多铰式翻板闸门示意图

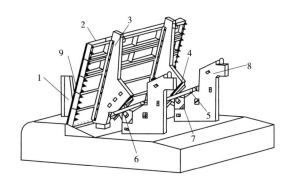

1—防护墩;2—门板;3—支腿;4—轨道;5—连杆;
6—滚轮;7—轮座;8—支墩;9—侧止水

图 2-1-13　滚轮连杆式水力自控翻板闸门示意图

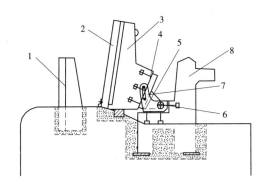

1—防护墩;2—面板;3—支腿;4—轨道;5—滑块;
6—滑动支承座;7—导槽;8—支墩

图 2-1-14　滑块式水力自控翻板闸门示意图

水倒灌功能的逆止阀,当水泵停止运转,闸门迅速关闭;拍门主要由阀座、阀板、密封圈、铰链四部分构成。形状分为圆形和方形。随着灌溉工程的发展,闸门尺寸和结构均得到发展,由一节发展为两节。拍门的材质传统上为各种金属制品,现在已经发展为多种复合材料,复合材料拍门克服了传统拍门材料的弊端,具有可塑性强、强度高、密度小的特点,是将来拍门的发展方向。

图 2-1-15 为拍门示意图。

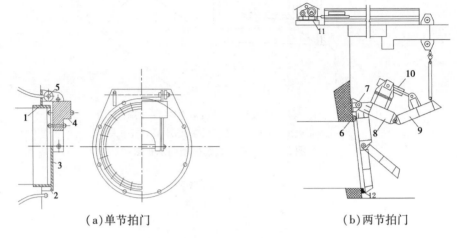

（a）单节拍门　　　　　　　　　　　（b）两节拍门

1—门框;2—止水;3—盖板;4—压重;5—铰链;6—门框;7—铰链;

8—上门叶;9—下门叶;10—油缸缓冲装置;11—锁定释放装置;12—止水

图 2-1-15　拍门示意图

拍门的特点:更具节能性、机械结构简单、使用寿命长、使用维护方便。

应用范围:适用于水利、市政污水、城市防洪排涝、污水处理厂、自来水厂等。适用介质包括水、海水、生活及工业污水。

（五）悬挂式挡水闸门

上海市水利工程设计院的卢永金和王鹏展研究开发的悬挂式双向挡水闸门,见图 2-1-16。这是一种悬挂式挡水闸门,它包括一个工作桥、一个设置在工作桥下方的主门,该主门可以绕工作桥旋转实现启闭,它将外河与内河连通和隔开。在主门上设有小门,在启闭主门时,可以先打开小门。平常引排水时,可启闭小门,从而减少主门的启闭频率,可以延长闸门的使用寿命。

（六）三角闸门

由两扇绕垂直轴转动的三角形或扇形闸门构成的船闸闸门。三角闸门由以下几部分组成:①面板系统,包括挡水面板,水平、竖立次梁,水平主桁架的上玄梁等。面板系统直接承受水压力;②主横梁,通常采用桁架结构,主要承受面板系统传来的水压力;③端支臂桁架及端柱,端支臂桁架承受水平桁架、竖立次梁传来的水压力,并通过端柱将水压力及闸门自重传到闸首边墩上;④纵向联结系统,主要用于克服启门力矩与动水作用产生的扭转力矩;⑤枢轴,支撑闸门的装置,包括顶枢和底枢轴;⑥止水装置。

三角闸门既可作为船闸的工作闸门,又可用作控制船闸输水的闸门。用该闸门输水时,为使闸室水力条件良好,又不使门扇结构及闸首工程量增加过多,闸门的中心角(面板外缘至旋转中心连线的交角)一般取 70°左右。

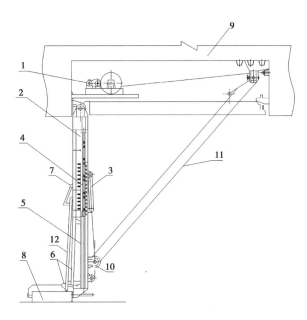

1—主门驱动装置;2—主门;3—扒杆牵引装置;4—小门驱动装置;5—小门;6—摆钩;
7—主门固定装置;8—底槛;9—工作桥;10—动滑轮;11—拉伸绳索;12—扒杆

图 2-1-16　悬挂式挡水闸门示意图

三角闸门示意图见图 2-1-17。

特点:能承受双向水头,可在有水压的情况下启闭,材料用量多、安装制作检修困难;门库占空间及闸首工程量大。

应用范围:我国沿海、沿江感潮河段的船闸。

(七)人字闸门

人字闸门为由两扇能绕其端部的竖轴转动的、门叶开启后分别隐入闸首的门内、关闭后其平面成"人"字形的船闸闸门。人字闸门由以下几部分组成:①门扇,由面板、主横梁、次梁、门轴柱及斜接柱构成的挡水结构;②支撑部分,包括支座垫、枕垫座、顶枢和底枢等支撑门的设备;③止水装置。

根据平面形状,又可分为平面人字门和拱形人字门两类。根据门扇的机构梁格布置,平面人字门又分横梁式和立柱式两种。其中,横梁式人字门的主要受力构件为主横梁;水压力由面板和次梁传给主梁,再由主横梁通过斜接柱及门柱上的支垫座和枕垫座传至闸首边墩。而立柱式人字门的主要受力构件为纵梁(立柱);水压力由面板和次梁、立柱将荷载传给顶、底横梁,横梁通过三铰拱的作用传至闸首边墩;底横梁承受的荷载直接传至闸首门槛。拱形人字门的门扇结构呈圆拱形,闸门关闭时,门扇轴线和三角拱的压力轴线重合,主横梁只承受轴向压力,因而可以节省材料,但其加工、安装复杂。

人字闸门可适用于大孔口航道,且航道净空不受限制。由于三角拱的作用,减小了主梁弯矩,比横拉闸门更省材、经济。人字闸门的底枢、支承及水下部分检修维护困难。与横拉闸门相同,人字闸门门叶抗扭刚度很小,同样不能在动水中操作。图 2-1-18 为人字闸门示意图。

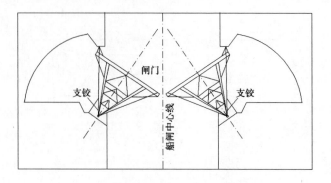

(a)三角闸门平面轮廓示意图

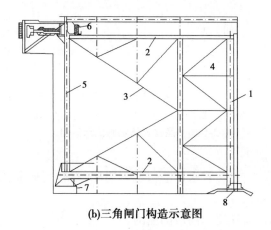

(b)三角闸门构造示意图

1—面板;2—主横梁;3—带支臂桁架;4—纵向联结;

5—臂柱;6—顶枢;7—底枢;8—止水

图 2-1-17　三角闸门示意图

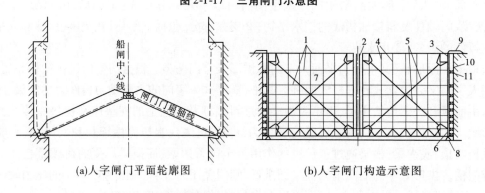

(a)人字闸门平面轮廓图　　　　(b)人字闸门构造示意图

1—主横梁;2—斜接柱;3—门轴柱;4—次梁;5—对角斜撑;

6—节点板;7—面板;8—底枢;9—顶枢;10—支垫座;11—枕垫座

图 2-1-18　人字闸门示意图

特点:闸门受力类似三角拱,对结构有利,比较经济;所需启闭力较小。底枢、支承及水下部分检修维护困难。

应用范围:用于通航船闸中中高水头情况,一般在静水中启闭。

(八)一字闸门

闸门结构与人字闸门相同,根据实际情况,设计时不用两扇人字门,而仅用一扇闸门,绕航道一侧主轴旋转、关闭时呈一字形,即为一字闸门。闸门操作和布置与人字闸门相似,门叶受载传力不同。

图 2-1-19 为一字闸门示意图。

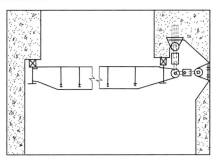

图 2-1-19　一字闸门示意图

特点:与人字闸门基本相同。

应用范围:用于小型通航船闸中。

四、浮箱式闸门

浮箱式闸门为靠浮力和自重启闭并可浮运的箱体式闸门。浮箱式闸门门叶具有一定空间体积,可在水中浮动,并可借助水泵或闸阀向门体内充水及向外排水,调节门体重量,改变门体与浮力的关系。浮箱平时存放在门库内,使用时托运到工作位置,闸门就位后,充水使门体下沉,封闭过流孔口,起到挡水作用;当从门体内抽水时,闸门即可浮起,打开过流孔口过水。这种闸门在闸孔周边埋设支撑件,即形成支撑面。闸门的侧、底止水也要在支撑面与支撑件密合。闸门一般采用钢结构。按外形可分为箱形、比重计形和桶形三种,其中以桶形浮箱闸门稳定性能好,用钢量少,被普遍采用。

图 2-1-20 为桶形浮箱闸门示意图。

特点:可封闭大面积孔口,无须门槽和启闭设备,只能在较深水中操作。

应用范围:开敞式孔口检修门。

五、升卧式闸门

平面闸门提升开启后水平躺卧在闸墩上的闸门。是一种沿折线轨道运动的露顶式平面闸门。门叶与定轮闸门基本相同,只是吊点位于门叶下部。闸门轨道上部呈圆弧形,闸门提升时,先经过 0.2～0.4 倍门高的直线段,再沿圆弧段逐渐向后倾倒,直到全部开启。闸门坐落在水平停放位置。根据与启闭机位置变化,向前、后倾倒皆可,则有向上游和向下游两种。

图 2-1-21 为升卧式闸门示意图。

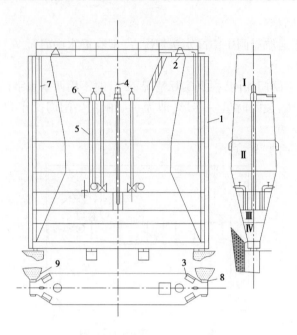

1—门体;2—人力铰盘;3—系缆柱;4—深井泵;

5—爬梯;6—人孔;7—进气管;8—止水;9—支撑件;

Ⅰ—机舱层;Ⅱ—调节压舱层;Ⅲ—固定水压层;Ⅳ—混凝土压舱

图 2-1-20　浮箱式闸门示意图

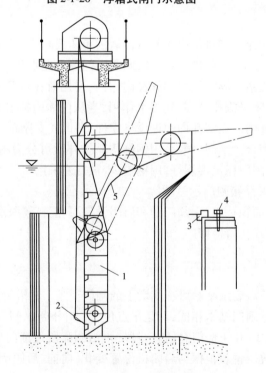

1—门叶;2—吊耳;3—止水;4—悬臂轮;5—门槽

图 2-1-21　升卧式闸门示意图

特点:显著降低机架桥高度,节省工程量;抗震性能好。但维护不便,起吊钢丝绳长期浸泡在水中,易锈蚀,过流时底缘流态较差。

应用情况和范围:我国于1966年首先在海河流域采用;英国1977年在东海岸赫尔河口修建的兼作通航用的大型船闸即采用了该形式。适用于水闸和小型船闸,挡水高度4～10 m,有幕墙的上闸首、井式船闸或动水启闭的工作闸门。

六、横叠式闸门

叠梁闸门:叠梁闸门又名叠梁闸、叠梁阀、叠梁门。是一种由多节平面闸门叠加组合成的,各节闸门逐次放入门槽内,组成一个平面挡水结构。其结构简单,起吊力小,多用于检修闸门或临时挡水。但操作运行较麻烦,漏水量大,且另需设门库供其存放。

图2-1-22为叠梁闸门示意图。

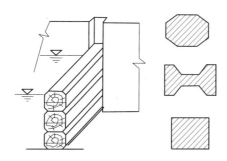

(a)木叠梁闸门布置图　　(b)钢筋混凝土叠梁截面图

图2-1-22　叠梁闸门示意图

特点:结构简单,起吊力小;但操作运行较麻烦,漏水量大。

应用范围:检修闸门或临时挡水之用。

七、竖排式闸门

由若干根独立的竖梁成排地封闭水道孔口以拦阻水流的闸门,又称针坝或针堰。竖梁下端一般搁支在底坎上,上端支承在搁于栈架或墩墙顶部的横梁上。大型排针闸门操作极为不便,且漏水量大,目前已不多见。在小型渠道或实验室内,调节上游水位比较方便。具有旋转撑架的下沉式闸门也是排针闸门的一种。人字形撑架分别铰接在底槛上,连成一体,即为闸门。开启时,撑架逐一沉到底槛上;工作时,撑架借与机械相连的链条升起。排针闸门于19世纪出现在法国,曾在欧洲大陆盛行一时。

图2-1-23为排针闸门示意图。

特点:漏水量大,启闭和检修不便。

应用范围:小型灌溉工程,短时挡水或抬高水位。

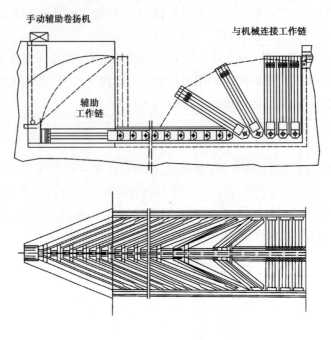

图 2-1-23　排针闸门示意图

第二节　曲面闸门形式与特点

现行规范未发现对曲面闸门的解释,在这里将挡水面为曲面面板的闸门称曲面闸门。曲面闸门主要由门叶、埋设构件和启闭设备三部分组成。曲面闸门与平板闸门相比具有受力均匀、结构形式新颖、造型美观等优势,适合在人文景观区修建,在工程中应用较广。闸门形式包括弧形、拱形、立式圆管形以及扇形闸门等,根据启闭方式可分为移动式、升卧式、直升式与横轴转动式等。

一、弧形闸门

弧形闸门(radial gate)是启动时绕水平支铰转动,且具有圆弧形挡水面板的闸门,也是使用十分广泛的一种门型。其特点是闸门的支铰中心与弧形挡水面的圆心重合,启闭力较之同尺寸的平面闸门为小,闸墩侧面平直无门槽,水力条件较好。非常有利于高水头、高流速的工况,但所需闸墩长度较平面闸门为大。其支铰一般设置在闸门高度的 2/3 左右高程上,在有通航要求的河道上,会影响船只通过,在航道上通常不会采用弧形闸门。

弧形闸门包括弧形闸门、下沉式弧形闸门、反向弧形闸门、竖轴式弧形闸门等。

(1)按门顶以上水位的深度分为露顶式和潜孔式两种。水库水位不超过门顶称露顶式弧形闸门(也称表孔弧形闸门)。水库水位高于门顶称潜孔式弧形闸门(也称深孔弧形闸门或高压弧门)。

(2)按传力支臂形式分为斜支臂式和直支臂式两种。前者多用于宽高比较大的孔口。后者多用于宽高比较小的孔口。

（3）按支承铰轴的形式分为圆柱铰、圆锥铰、球形铰和双圆柱铰式弧形闸门。

（4）按门叶结构分为主纵梁式和主横梁式弧形闸门等（受背水压的称反向弧门）。

（一）一般弧形闸门

弧形闸门是挡水面为圆柱体的部分弧形面的闸门。其支臂的支承铰位于圆心，启闭时闸门绕支承铰转动。弧形闸门由转动门体、埋设构件及启闭设备三部分组成。弧形闸门不设门槽，启闭力较小，水力学条件好，广泛用于各种类型的水道上作为工作闸门运行。

主横梁式弧形闸门（见图2-2-1（a））主要通过门叶结构的主横梁将水压力等荷载经支臂结构和支铰传给水工建筑物。通常，主横梁与支臂组成横向刚架，刚架形式一般有Ⅱ型、TT型和六型三种。

主纵梁式弧形闸门（见图2-2-1（b））主要通过主纵梁将水压力等荷载经支臂结构和支铰传给水工建筑物。主纵梁与支臂结构组成纵向刚架，其形式一般呈三角形。

弧形闸门的支铰形式一般有圆柱铰、锥形铰和球形铰三种。因其结构简单、制造安装方便，目前以采用圆柱铰为多。仅在闸门跨度大或支铰推力较大时，才选用结构复杂的锥形铰。球形铰由于制造复杂，使用较少。

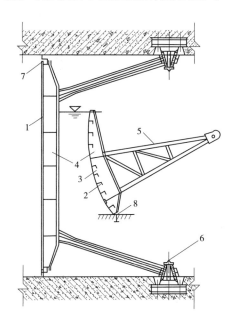 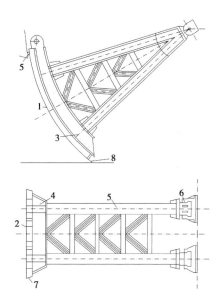

1—面板；2—次梁；3—隔板；4—主横梁；   1—面板；2—小纵梁；3—横梁（横向隔板）；4—主纵梁；
5—支臂；6—支铰支座；7—侧止水；8—底止水   5—支臂；6—支铰；7—侧止水；8—底止水

（a）主横梁式弧形闸门示意图   （b）主纵梁式弧形闸门示意图

图2-2-1 主纵横梁

弧门铰座一般布置在闸墩侧面的牛腿上。牛腿结构应满足传递水压力等荷载的要求，一般采用钢筋混凝土结构；荷载较大时，可采用预应力拉锚结构。支铰座尽量布置在门后胸墙（或拱顶）等土建结构上，使闸墩免受巨大侧向推力的作用。

弧形闸门止水装置是保证弧门可靠运行的重要设施。它对高水头下运行的弧形闸门尤其重要。通常要求止水装置在任何运行条件下要与止水座配合严密,否则将造成止水部分失效而大量漏水,并可能导致闸门振动或边界空蚀等后果。高水头深孔弧形闸门在承受巨大水压力后,由于门叶及支臂等产生径向压缩变形,其变形量一般较大,因此弧形闸门顶止水要达到严密不漏水,就必须使止水橡皮具有大于其计算变形量的伸缩量。目前深孔弧形闸门的顶止水一般采用两道止水。

特点:重量轻,埋件少,所需起闭力较小,启闭灵活,闸门水力较好。但所需闸墩长度较大,闸墩需要承受并分散弧形闸门支铰传来的巨大集中荷载以及侧向推力。

应用范围:用于各种泄洪孔口。

(二)下沉式弧形闸门

下沉式弧形闸门通常用于漂木道控制开敞式孔口。其弧形门结构形式与普通弧形闸门基本相同,只是它绕支铰轴向水面下旋转,门叶下沉与底槛齐平;门叶背面和支臂内侧面用顺流盖板封堵,以利水流通畅。

图 2-2-2 为下沉式弧形闸门示意图。

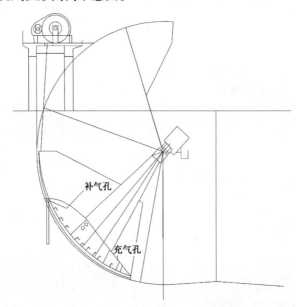

图 2-2-2　下沉式弧形闸门示意图

特点:闭门力小,放木效果尚可,但门叶结构背面复杂,下沉时门背面可能产生负压,止水装置难以检修。

应用范围:一般用于漂木河道。

(三)反向弧形闸门

反向弧形闸门通常用于通航船闸输水廊道中的工作闸门。这种闸门的构造形式与弧形闸门相似,它是以凹形弧面挡水,支铰主要承受径向拉力,闸门全部浸入水中。为使闸门各部分适用于潜水情况下泄流,门叶挡水凹面一般用顺流板全部或部分加以封盖,支臂结构也用流线形板全部或部分封包。这样在闸门输水时,减免渗气,可使进入闸室的水流流态比较稳定,也可减少门井水面波动。操作这种闸门的启闭设备一般有油压启闭机或螺杆式启闭机。

图 2-2-3 为反向弧形闸门示意图。

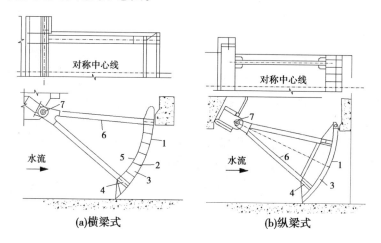

1—面板;2—小横梁;3—纵梁;4—主横梁;5—曲面板;6—支臂;7—支铰

图 2-2-3 反向弧形闸门示意图

特点:水力条件较好,启闭力小。由于闸门及其支铰长期处于水中,不易维护、检修;造价比一般弧形闸门高。

应用范围:常用作水级大的船闸输水廊道工作闸门。

(四)竖轴式弧形闸门

竖轴式弧形闸门是绕垂直轴旋转的竖向弧形闸门。闸门挡水面板可做成圆心轴垂直的圆柱面,称竖轴式弧形闸门。也可做成平面挡水面,而称为三角闸门。闸门广泛应用于中小型船闸工作闸门,由于承受的水压力合力通过旋转中心,启闭力较小。

特点:启闭力小,门库大,可承受双向水压;但水下部分检修困难。

应用范围:常用于中小型船闸的工作闸门。

图 2-2-4 为竖轴式弧形闸门示意图。

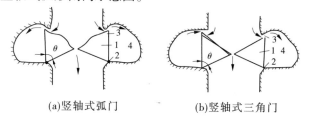

(a)竖轴式弧门   (b)竖轴式三角门

1—门叶;2—支铰;3—羊角;4—门库

图 2-2-4 竖轴式弧形闸门示意图

(五)齿轮同步升降弧形闸门

齿轮同步升降弧形闸门是齿轮同步直升闸门的一种形式;该闸门由山东省水利科学研究院田志刚等提出,齿轮同步升降弧形闸门是在闸门边梁上装有齿轮、门轨装有齿条作为支承行走部件的弧形闸门。其基本原理与齿轮同步直升平面闸门同;门叶组成与弧形闸门相同,齿条安装在支撑轨道上;由于闸门相对垂向轴严格对称,电机带动转动轴上两侧的齿轮沿齿条移动,闸门实现启闭。闸门与齿条相互配合可起到控制水流的作用。图 2-2-5 为齿轮同步升降弧形闸门视图。

(a)齿轮同步升降弧形闸门后视图　　　　　(b)齿轮同步升降弧形闸门正视图

图 2-2-5　齿轮同步升降弧形闸门视图

二、拱形闸门

拱形闸门为门叶在水平方向呈拱形的闸门。承重结构由拱形面板、水平曲梁、竖直隔板、边梁和支撑行走部件、止水和导向装置等组成。为增强拱门的刚度,可在主横梁拱旋方向加设拉杆,也可将主梁做成桁架结构等。拱门的拱座支撑部分可采用滑动式钢支撑,支撑中心线与拱轴线重合。门叶凸向上游的为压拱结构,反向则为拉拱结构。两种结构均有利于减小结构受弯曲的作用,充分发挥材料单向受压、受拉强度性能。耗钢量比平面直升门节省 10% ~ 15%。拱形闸门一般用作检修门。

拱形闸门的门槽呈三角形,过流时流态比平面门好;但用作工作闸门时,流态比平面门差。该闸门较适用于大跨度露顶式检修门。

(一)压拱闸门

如图 2-2-6 所示为压拱闸门示意图,门叶凸向上游的拱形闸门为压拱结构,闸门由面板、曲梁、边梁、支撑及隔板、止水等组成,上游侧设有导向装置,即为压拱闸门。

(二)拉拱闸门

门叶凸向下游的拱形闸门为拉拱结构,闸门由面板、曲梁、支撑及止水等组成,即为拉拱闸门。其特点是能充分发挥钢材的抗拉性能。图 2-2-7 为拉拱闸门示意图。

三、圆筒闸门

圆筒闸门是具有圆筒外形,竖直放置,从底部四周孔口进水的闸门。门叶由圆筒面板、水平梁和竖向隔板组成,并可分成几个相等的圆弧段,用螺栓连接形成整体,门叶顶、底周边设止水。闸门与竖井间各段设导向支撑及轨道,导向支撑可做成导轮或弧形环,套口在轨道上。其外形如同直立的钢管,适用于封闭周围进水的塔式竖井。进水口可在塔的任意高度设置,也可设在竖井的底部或顶部(也称环形闸门)。进水口沿竖井圆周等弦

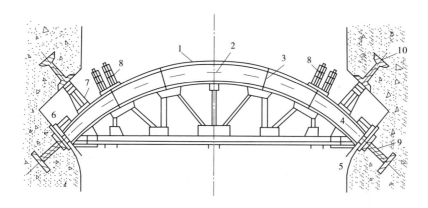

1—面板;2—曲梁;3—隔板;4—边梁;5—钢板支撑;
6—止水;7—导向装置;8—吊耳;9—主轨;10—反轨
图 2-2-6　压拱闸门示意图

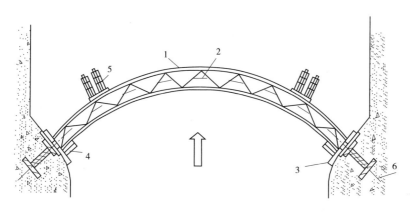

1—面板;2—曲梁;3—钢板支撑;4—止水;5—吊耳;6—主轨
图 2-2-7　拉拱闸门示意图

布置,在进口设拦污栅和检修门。闸门启闭采用 3 根劲性吊杆和 3 台电动螺杆同步操作。

图 2-2-8 为圆筒闸门示意图。

特点:受力均衡,启闭力小,门叶结构简单,刚度大,但制作安装要求高。

应用范围:适用于封闭周围进水的塔式竖井。

四、水力自动弧形闸门

(一)扇形闸门

扇形闸门为横断面呈扇形,门体表面镶有面板,以水平支铰支撑于堰顶的闸门。扇形闸门是一种水力操作的浮箱式闸门。多用钢材制作,也可为混凝土结构。堰顶设置凹槽,作为承纳闸门的门库,亦称压力室。扇形闸门有两种主要形式:一是支铰设在下游,弧面和顶(或底)面设有面板,该扇形闸门欧洲采用较多;另一种是支铰设在上游,门体三面及两端都镶有面板,形成封闭体,也称鼓形闸门(见(二)鼓形闸门),美国采用较多。扇形闸门的顶面做成溢流曲线,门体下落时,其顶面和堰顶曲面吻合,形成溢流面。两种闸门操

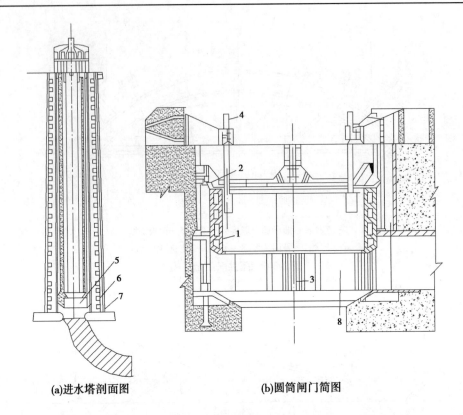

(a)进水塔剖面图　　　　　　　(b)圆筒闸门筒图

1—门扇;2—止水;3—导向装置;4—吊杆;
5—圆筒闸门;6—检修闸门;7—拦污栅;8—进水口

图 2-2-8　圆筒闸门示意图

作原理相同。闸门自重和作用于门体挡水面上的水压力对支铰产生使门向下转动的力矩,压力室内的水压力则产生向上转动的力矩。压力室有通向上游的进水管和通向下游的排水管,通过进、排水控制作用于门体上浮力的大小,进行闸门的启闭。

　　图 2-2-9 为扇形闸门示意图(支铰设在下游)。

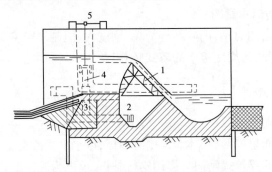

1—闸门;2—压力室;3—闸墩内竖井和孔道;4—阀门;5—阀门操纵设备

图 2-2-9　扇形闸门示意图(支铰设在下游)

这种闸门可封闭高度小而跨度很大的孔口,可用水力操作,无须设置机架桥,但需要较大的压力室,闸门具有众多的水平支铰和较长的止水装置,制作、安装比较复杂,检修、维护也比较困难。

特点:闸门无须机架桥,水平支铰众多,止水装置较长,制作、安装比较复杂,检修、维护困难,需要较大的压力室。

应用范围:适用于高度小而跨度很大的孔口。

(二)鼓形闸门

有些人把鼓形闸门列入扇形闸门,扇形闸门的支铰设在上游时,门体三面及两端都镶有面板,形成封闭体,即为鼓形闸门。鼓形闸门是利用与上下游连通的水道向闸门下部的压力室内充水或泄水使闸门上升或下沉的自动控制闸门;闸室充水后闸门上升挡水,排水后闸门下沉落入压力室则泄洪。

其优缺点与扇形闸门相似。唯其门叶刚度大,门叶内可不进水,因而可减小工程量。

鼓形闸门示意图见图2-2-10。

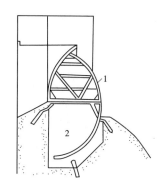

1—闸门;2—压力室

图2-2-10　鼓形闸门示意图

五、双曲扁壳闸门

双曲扁壳闸门是中间为钢丝水泥面板,四周为钢丝混凝土架,在水平与铅直方向均有曲率的闸门,也称钢丝网水泥薄壳闸门。支撑通常采用滑块式与轮式,侧向支撑,反向支撑与门槽埋件间的间隙一般取 $10 \sim 20$ mm,当反向支撑下面装设缓冲橡胶皮垫时,支撑和埋件间可不留空隙。止水布置在闸门上游面,一般采用橡胶止水。止水与侧向支撑和反向支撑的布置以及门槽埋件之间的间隙相适应。

短边与长边的跨度分别为 a、b,两边矢高分别为 f_a、f_b,则最大矢高 $f(f_a + f_b)$ 一般不大于 $a/5$ 或 $b/5$,若壳体厚度(平均)为 δ,两方向的曲率半径分别为 R_1、R_2,则 δ/R_1 或 δ/R_2 一般不大于 $1/20$。图2-2-11为双曲扁壳闸门形状图。

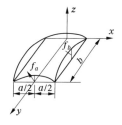

图2-2-11　双曲扁壳闸门形状图

特点:用钢量少。

适用范围:孔口高度与宽度接近或边长比不超过1.5,实际尺寸小于 $5 \sim 7$ m 的闸门,农田水利工程中的小闸。

使用时应注意的问题:①启闭力计算中要考虑壳体曲面空间的影响,正向扁壳闸门作用有较大的浮力,反向扁壳闸门有较大的水重;②正向钢扁壳闸门的板厚不宜太薄,以免扁壳自身失稳;③钢丝网水泥扁壳闸门施工要严格控制保护层厚度,砂浆振捣要密实,表面要淤光,并涂以防水涂料,以防钢丝网锈蚀。

第三节　组合型闸门形式与特点

组合型闸门是指具有两种或可独立启闭的复合结构形式闸门,包括双扉闸门、舌瓣闸门及气动盾形闸门和水动盾形闸门等。

一、双扉闸门

双扉闸门是在直升式平面闸门的基础上改进的一种新的门型,是为降低平面闸门排架高度而发展起来的。它由上、下两扇闸门搭接而成,上、下扉闸门分别安装在独立的门槽内,配置各自的启闭设备,可分别启闭的闸门。闸门组成为两扇平面闸门或一扇平面闸门和一扇弧形闸门。两扇工作闸门可以分别在各自的工作门槽轨道里上、下运行,这两扇工作闸门一般简称为双扉门。

该闸门20世纪30年代盛行于欧洲,大都由两扇高度相近的普通平面定轮闸门组成。在门槽内分别设置轨道,下扇闸门在前,上扇闸门在后,面板靠上游面。顶部做成溢流面,避免溢流时产生真空。这种布置能使上、下闸门共用同一轨道,简化了门槽结构。面板在上游面,便于下游梁系和支撑杆系的维修。当两扉间止水漏水或门顶和门底同时泄洪时,易引起双扉闸门振动。

双扉门上、下扉门的尺寸、重量基本相同。区分上、下扉门的主要依据是上、下扉门各自承担的工作内容。一般下扉门主要放置于闸室口门底坎上,使用较为频繁,相当于工作门,主要作用是挡水、充水和泄洪。上扉门平时放置于闸孔上方挡板上,使用频率较小,相当于检修门,只有在所需挡水水位超过下扉门门体高度时,上扉门才会从挡板放下与下扉门闭合参与挡水任务,另外在洪水位过高需开启闸门泄洪时,上扉门又与下扉门同时提起,承担泄洪任务。

闸门闸室短,布置简单,又解决了平面闸门启升高度大的缺点。不足之处是由于需要两套启闭机,机架桥面布置繁杂,设备购置费用较高。

图2-3-1、图2-3-2为双扉闸门及其门槽示意图。

新型双扉闸门是对原双扉闸门进行改进;采用阶梯门槽,上、下扉闸门在同一门槽内运行。这样一是可保证闸门的整体稳定性及止水严密性,减小了金属结构埋件重量,减小了闸墩的长度;二是由原来的两台启闭机分别驱动,设置为上、下扉闸门采用同台启闭机,减小了机架桥排架的断面和高度;三是上、下扉闸门独立受力状态,降低了启闭机容量。

图2-3-3、图2-3-4为新双扉闸门及其门槽示意图。

应用范围:适用于开口高度大于5 m,对调节上、下游水位及宣泄漂浮物、冰块和沉沙有较高要求的情况。

二、舌瓣闸门

舌瓣闸门为可绕闸门底部水平轴旋转启闭的闸门,过水时闸门倾倒到一定位置,水流从闸门上部通过;挡水时用启闭机提升并固定;为控制水流,闸门也可以部分开启。在平面闸门或弧形闸门门顶增设舌瓣,均构成舌瓣闸门。有的文献认为它是转动式平面闸门的一种。弧形舌瓣门是一种水利水电工程的复式弧形组合闸门,弧形组合闸门由上部开口的弧形闸门和铰接在弧形闸门开口内的舌瓣门组成,舌瓣门的侧边和底边与弧形闸门止水配合,舌瓣门的背面与液压启闭机构铰接,液压启闭机构装在弧形闸门上,在弧形闸门关闭的情况下,可通过控制舌瓣门的开、关排出坝前污物。

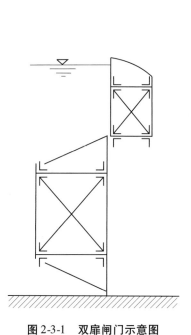

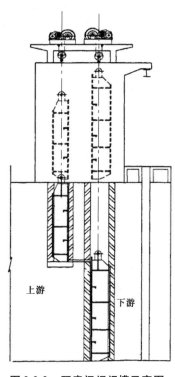

图 2-3-1　双扉闸门示意图　　　　　　　图 2-3-2　双扉闸门门槽示意图

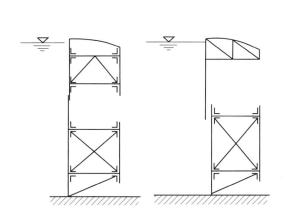

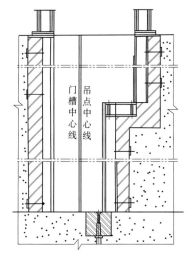

图 2-3-3　新双扉闸门示意图　　　　　图 2-3-4　新双扉闸门门槽示意图

对库水位有微调要求的径流式水利枢纽工程,由于舌瓣门具有启闭灵活、流量小的特点,故大规模采用带舌瓣组合门是很好的选择;既满足了排漂要求,又可兼作库水位微调之用,同时最大限度地节约了径流式水电站宝贵的水资源,而通过拦污漂的设置,能有效拦截水电站发电期间及初汛期上游随洪水下漂的大部分污物。

该闸门属于 20 世纪 90 年代初期在国内出现的新门型,由于其所特有的面流排漂、低耗水、可避免闸门局部开启时的振动及空化等优势，已在广西省昭平水电站、湖南省孟洲坝水电站、福建省高砂水电站、福建省斑竹水电站、浙江省青山殿水电站等工程中得到了广泛的应用。

图 2-3-5 为舌瓣闸门示意图。

特点：启闭灵活、流量小。

应用范围：适用于低水头水工建筑物。

三、气动盾形闸门

气动盾形闸门是综合传统钢闸门和橡胶坝优点的一种新型闸门，气盾坝(气动盾式闸门)也被称为气盾盾形橡胶坝，兼具橡胶坝和钢闸门两者之长的新型水工建筑物，是 20 世纪 90 年代由美国 OHI 公司发明研制的，利用橡胶气囊支撑钢护板挡水。闸门由门体结构、埋件、气袋和气动系统组成。其结构是在底板上由锚固螺栓和高强度橡胶压条固定强化盾板，盾板下设充气气囊，通过对气囊的充气排气来

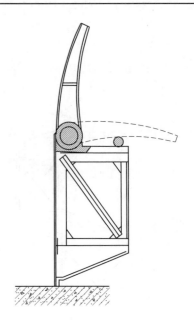

图 2-3-5 舌瓣闸门示意图

控制盾板的起落，由限位拉带防止盾板前倾。在挡水时，向充气气囊充气，支撑起盾板，挡水高度可通过调节充气气囊中的气压实现。气盾坝过流时，在盾板后形成水帘，在坝上水位超过设计挡水高度 0.5 m 时，气盾坝自动塌坝，盾板落下，保护充气气囊不被冲毁，同时能保证行洪通畅。闸门全开时，门体全部倒卧在河底，不影响景观、通航和水生动物的回游。

气盾坝结构简单，安全性高，使用寿命长，维修、保养方便，更换简易，可应用于水力发电、景观、灌溉、低水头船闸、分流及鱼道、地下车库门等地方，并可以按照用户的要求设计、生产、安装，在世界各国受到青睐，具有广阔的应用空间。

应用范围：适用于低水头水工建筑物。

图 2-3-6 为气动盾形闸门示意图。

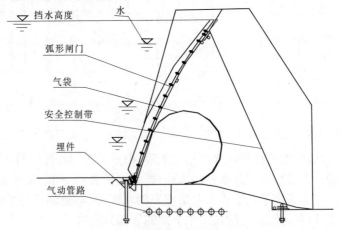

图 2-3-6 气动盾形闸门示意图

四、水动盾形闸门

同气动盾形闸门一样,水动盾形闸门也是综合传统钢闸门和橡胶坝优点的一种新型闸门。苏联学者研究后在 1984 年提出了这种闸门形式;与气动盾形闸门不同的是,把坝袋充气改为充水控制闸门开度;特点与气动盾形闸门相同。

其结构图与气动盾形闸门相同,只是囊中把充气改为充水即可。

第四节　其他闸门形式

一、屋顶闸门(浮箱闸门)

屋顶闸门是借助水压力自动启闭,挡水时形似屋顶的闸门。19 世纪初由美国人首先创造,主要由上、下门叶组成。门叶铰接于闸(坝)坎上,与两侧岸墙间均设置止水,形成封闭体,两扇门叶间采用滑动或滚动结合,并设止水。边墙内设有管道(或廊道)和闸门,与闸上、下游相通。当水从上游流入,充满压力室时,室内水压力使闸门升起挡水,用人工或自动控制方法操作阀门,可调节压力室内的压力,使闸门固定在各种开度的位置上。当闸门完全降落时,两扇门叶都处于水平位置,一扇门叶落在另一扇门叶之上。

屋顶闸门分美国式和欧洲式两类。美国式屋顶闸门除图上外,有的采用折叠式上游门叶。欧洲式屋顶闸门,其上游门叶顶部增加了一个垂直门叶的下唇,其上装有滚柱,也有将下游面板端部做成弧形的。

我国河南等省多数采用钢筋混凝土结构的屋顶闸门,闸门由下游一块主闸板、上游两块副闸板、闸底板及两侧侧墙组成。主、副闸板和闸底板分别用水平铰链连接并用橡皮密封,形成一封闭空腔,利用空腔内充、排水控制闸门折叠、升降、运动,所以有时也把这种闸称为浮体闸。这种浮体闸已被大量应用到中小型水利工程中。在沿垂直水流方向,闸体分成若干宽度相等的单元,通常取 2~4 m;各单元间或底板与侧墙间均设橡胶止水。

特点:无须专门设备、启闭迅速,可准确调节上游水位。但闸门前易淤积,检修困难。

应用范围:洪水涨落迅速、水流中带大量漂浮物或浮冰的河道上。

图 2-4-1、图 2-4-2 为美国式及欧洲式屋顶闸门示意图,图 2-4-3 为闸门荷载升降示意图。

二、圆辊闸门

圆辊闸门为横轴圆筒形门叶沿轨道滚动而启闭水道孔口的闸门。圆筒的端部设有大齿轮,支承在门槽内的倾斜齿条式轨道上,启闭门叶时,齿轮沿轨道上下滚动。圆辊闸门又称水力自动滚筒闸门。

圆辊闸门于 20 世纪初出现在欧洲,曾在德国盛行一时,起初为一简单圆柱体,由于圆柱体在流水中的水压力不够稳定,以后逐渐演变为带有檐板或舌瓣的圆柱。圆辊闸门门叶刚度很大,可在门顶、门底同时泄水,适用于宣泄浮冰的低水头、大跨度水闸。

该闸门是一种两端封闭,放置在溢流坝顶的圆筒,其下游方向有两条向上抬高的轨

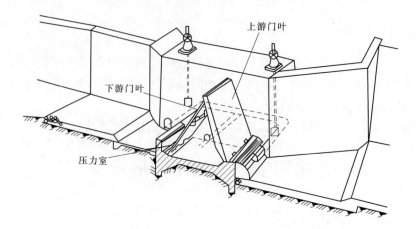

图 2-4-1　美国式屋顶闸门示意图

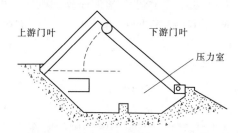

图 2-4-2　欧洲式屋顶闸门示意图

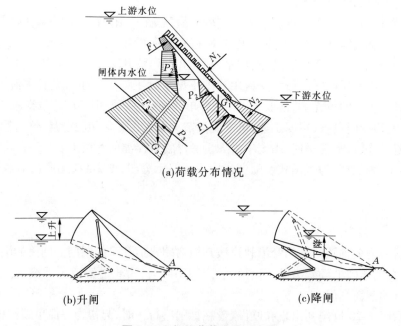

(a)荷载分布情况

(b)升闸　　　　　　　　　　　　　　　(c)降闸

图 2-4-3　闸门荷载升降示意图

道,轨道与水平面间的角度可以调整。在上游水位逐渐升高时,上游水压力产生的推动力
矩大于由圆筒闸体自重及配重产生的回复力矩,圆筒闸体就会发生沿轨道向下游方向的

滚动,在滚动的同时圆筒闸体抬高,将超标洪水下泄,同时实现闸前冲淤。在此过程中当推动力矩与回复力矩相互平衡时,圆筒闸体即停止向下游的滚动运动,但在脉动动水压力的作用下闸体仍会发生振动。因为尽管滚筒可以沿水流方向前后摆动,但固定在轨道上、下两端的钢丝绳会绷紧,使得圆筒的垂向移动受到限制。所以,圆筒闸体在流体中的运动仍为受限运动,而非自由运动。

当上游水位回落时,上游水压力所产生的推动力矩小于由圆筒闸体自重及配重产生的回复力矩,圆筒闸体即沿倾斜轨道向上游方向滚动,与此同时,滚筒闸体下部的空隙逐渐减小,直至回到起始位置,将上游来水全部拦住。

图 2-4-4 为圆辊闸门示意图。

特点:门叶刚度很大,可在门顶、门底同时泄水。

应用范围:适用于宣泄浮冰的低水头、大跨度水闸。

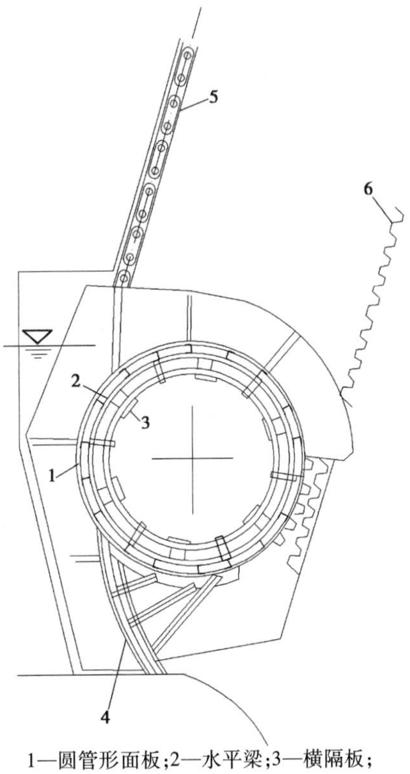

1—圆管形面板;2—水平梁;3—横隔板;
4—底板檐板;5—提升链;6—齿条

图 2-4-4　圆辊闸门示意图

三、球形闸门

该闸门外形如球体,以往多为木制,不另设止水装置,但不易做到不漏水。它可在静水或动水中启闭,但在动水中关闭圆管进口时,冲击力很大,启门力也大。球形闸门是我国 20 世纪 50 年代末在小型水利工程实践中出现的一种闸门,广西、湖北等地都曾使用过。球径达 1.6 m,水头 20 m。

特点:动水中关闭时冲击力、启门力大。

应用范围:闸门的直径不宜过大。

图 2-4-5 为球形闸门示意图。

四、渠系水力自控闸门

渠系水力自控闸门属于水力自控闸门的一种。其在法国、德国等欧洲国家发展较快,包括常水位闸门翻斗式、调节浮箱堰等多种形式。

(一)上游常水位闸门

上游常水位闸门又称阿密尔(AMIL)门,这种门在常规的弧形闸门的门叶上附设浮箱,门后设配重箱,调整门体重力大小及重心位置,借助门体所受浮力和门体重力力矩平衡原理,自动控制闸上游水位不变。其常用作灌溉渠系的节制闸。

上游常水位闸门结构图见图 2-4-6。

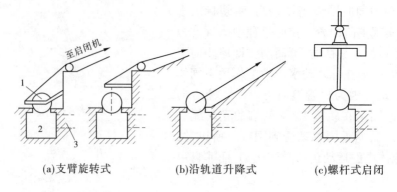

(a)支臂旋转式　　　　　(b)沿轨道升降式　　　　　(c)螺杆式启闭

1—球形闸门;2—进水口;3—引水道

图 2-4-5　球形闸门示意图

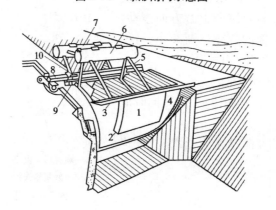

1—浮箱;2—第一承压面;3—第二承压面;4—挡水面板;5—臂杆;

6—前配重箱;7—后配重箱;8—横梁;9—转动轴;10—油压减振器

图 2-4-6　上游常水位闸门结构图

（二）下游常水位闸门

下游常水位闸门又称阿维型（AVI）门,与上游常水位闸门不同,它将浮箱置于门轴之后,利用浮力和重力相对于门轴力矩平衡原理,控制闸下游水位基本不变的闸门。常用作渠道的进水闸、节制闸和分水闸。法国尼尔皮克（NEYRPIC）公司研制的阿维型门按其使用条件可分为两类,即阿维欧（AVIO）门和阿维斯（AVIS）门。前者用于有胸墙的潜没式孔口,后者用于开敞式孔口。

下游常水位闸门结构见图 2-4-7。

（三）AWS – 水力翻斗

AWS – 水力翻斗根据特殊的力学设计,当翻斗内无水时倾斜口面朝上部。设备一般安装在水面以上,无须借助外部动力;系统开始注水后重心不断偏移,当水量达到预先计算好倾斜点时瞬间倾斜。翻斗内水量全部涌出,在池底圆弧形设计作用下形成水浪对池底清淤。

存水量为 $200 \sim 2\,000$ L/m;材质为不锈钢;高为 $0.4 \sim 1.5$ m,宽为 $1 \sim 10$ m;冲刷长度为 80 m。

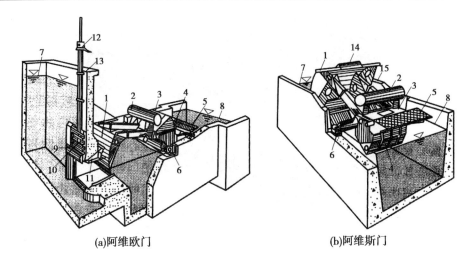

(a)阿维欧门　　　　　　　　　　　　(b)阿维斯门

1—面板;2—配重;3—浮箱;4—浮箱套;5—金属便桥;6—轴座;

7—变动的上游水位;8—下游设计水位;9—喇叭形进口;10—检修门;11—钢板镶护;

12—检修门手动启闭机;13—便道;14—缓冲箱;15—预埋件

图 2-4-7　下游常水位闸门结构图

优点:产生很强的冲刷浪,即便半充水,功能一样强大。上水后重设置。最合理形状设计,最小重力和平衡扭矩点,无噪声。不会对底部破坏。

应用范围:雨水调蓄池、污水处理池。

图 2-4-8 为 AWS - 水力翻斗示意图,图 2-4-9 为 AWS - 水力翻斗安装后工程图。

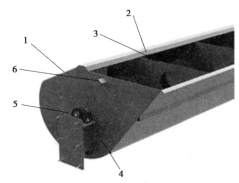

1—翻斗槽;2—加强区;3—槽内支撑;4—翻斗边盘;5—轴承;6—锁

图 2-4-8　AWS - 水力翻斗示意图

(四) ASK 自动调节浮箱堰

在设备安装时根据液位控制要求,运用 ASK 液位公式计算出浮子室溢流口高度和浮子室排水口大小。当上游液位上涨时,水先经过溢流口进入浮子室下端。随着液位的不断上涨,浮子室底端积水不断增多并开始慢慢上浮。通过连接结构带动堰板张开泄洪。当上游液位下降时浮子室排水口流出量大于溢流口入水量,积水开始减少。浮子室慢慢下沉通过连接结构带动堰板关闭,从而完成一次泄洪。

特点:无须动力,稳定控制水位;可控制水体漂浮物;土建工程量小,结构紧凑;安全系

图 2-4-9　　AWS – 水力翻斗安装后工程图

数高。

　　应用范围:水池蓄水、水位调节,河流、湖泊、溪流和渠道水位管理,水体蓄滞区管理,附加存储功能。

　　图 2-4-10 为 ASK 自动调节浮箱堰示意图。

(五)ASA 智能冲洗拦蓄液压闸

　　ASA 液压闸的主要作用是蓄水、冲洗和排水。它可以调节蓄水量,或者将下水管道水位壅高,产生强大的水力波,对下水道进行冲刷,还可以用于控制排水设施的排水量,主要是依靠液压驱动。该产品堰板利用压力密闭技术精密生产而成,以此保证产品的质量。

　　应用范围:蓄水管道、雨水蓄水池、海岸防护/堤坝、管道/蓄水设施的分流建筑、堤围区、船闸等微小型工程。

　　图 2-4-11 为 ASA 液压闸产品图。

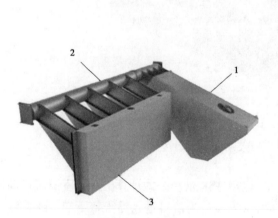

1—浮子室;2—连接结构;3—堰板

图 2-4-10　ASK 自动调节浮箱堰示意图　　　　　图 2-4-11　ASA 液压闸产品图

(六)SK 下开式堰门

　　SK 下开式堰门主要是为控制蓄水位,以及为防止回水/洪水而设计的。在实际使用中,ESK 堰的蓄水位和排水量都做实时调整。
由于 ESK 堰配备有最现代的自动化技术和驱
动程序,蓄水位可以根据具体的降雨量和时间
自动调整。ESK 堰可以搭载电力或者液压驱
动。

应用范围:雨水调蓄池/蓄水管道、雨水溢
流设施、管道/蓄水设施的分流建筑、排水沟、
水电站等。

图 2-4-12 为 SK 下开式堰门。

（七）AWS 智能拦蓄盾

该产品主要应用在河流制污水管道及蓄

图 2-4-12　SK 下开式堰门

水管道中,主要用来冲洗管道。图 2-4-13 为 AWS 智能拦蓄盾,图 2-4-14 为 AWS 智能拦
蓄盾工程图。

图 2-4-13　AWS 智能拦蓄盾

图 2-4-14　AWS 智能拦蓄盾工程图

五、闸阀

阀门是装在压力管道中用来控制流体的设备。其与闸门的区别是:闸门的活动部分
与埋设部分是可分离的;阀门的活动部分与固定部分不可分离。闸门开启时水流一般从
闸门活动部分(门叶)的下缘流过,阀门开启时水流一般从阀门活动部分(阀芯)的周边外
部或内部流过。阀门具有光滑过水表面,适合高水头水流流态,关闭紧密,止水效果好,动
作可靠、快速,在高水头压力管道中应用较广。

常见启闭阀是利用闸板(即启闭件,在闸板中启闭件称为闸板或闸门,闸座称为闸板
座)来接通(全开)或截断(全关)管路中的介质。包括针形阀、管形阀、空注阀、锥形阀、闸
阀、蝴蝶阀、球形闸阀等。

(一)针形阀

针形阀使用较早,一般设置在水道出口,水舌通过喷射在空气中消能。

针形阀由阀体、喷嘴、固定阀舌、止水装置及操纵设备等组成。固定阀舌以肋板与阀体焊固,内设齿轮及齿条传送机构,并与启闭机操作杆连接。活动阀舌内设套筒、阀舌盖等,并在操纵设备的操作下可沿固定阀段的外壁和导板滑动。阀门开启时,阀体、喷嘴和阀舌间形成一环向水舌向外等速射出,流态较为稳定。1909年在美国开始应用,不断改进后形成现在的形式。针形阀是一种水力操作的阀门,造价高,流量系数小(约为0.58),现已很少采用。

特点:能精确调节流量,阀体有较好的流线型过水流道,水头损失小;结构复杂,加工、制作困难。图2-4-15为针形阀示意图。

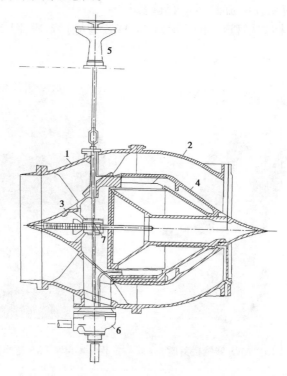

1—阀体;2—喷嘴;3—固定阀舌;4—活动阀舌;
5—螺杆式启闭机;6—双向阀;7—齿轮齿条传动机构

图2-4-15 针形阀示意图

应用范围:高水头小孔口泄水道。

(二)管形阀

由针形阀发展而来,其结构与针形阀类似,但它取消了阀舌内的压力室及其控制设备,使其设计、制造比针形阀更简单,但启闭力比针形阀大,且不能精确控制流量。图2-4-16为管形阀示意图。

(三)空注阀

出水水流呈空心管状的阀门。其由阀体、固定阀舌、活动阀舌、通气叶、操作杆组成。

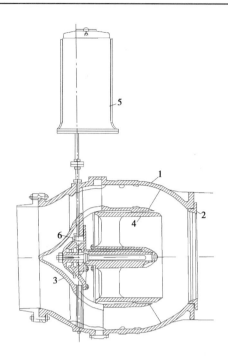

1—阀壳;2—喷嘴;3—固定阀舌;4—活动阀舌;5—操纵设备;6—伞齿轮传动机构

图2-4-16　管形阀示意图

阀体形状向下移扩散,不设喷嘴。固定阀舌由肋片和通气叶各四片与阀体的下游段相连,固定阀舌呈圆筒形并向下游扩散,内设螺母、螺杆及伞齿轮传动机构。活动阀舌的上游有舌尖,内设套筒并用肋片与活动阀舌连成一体,阀舌圆锥面上开有平衡内、外压力的小孔,以减小启闭力。在操纵设备操纵下,活动阀舌沿固定阀舌的内壁滑动。关闭阀门时,活动阀舌向上游滑动,抵紧阀体,达到环向密封止水的目的。阀门开启时,水舌呈空心柱状向下游射出,在任何开度下其空心柱外径基本是定值,射程较大,消能效果良好。

特点:可精确控制流量,流量系数大;阀体结构合理,水舌消能效果好;加工、制作复杂,下游水雾较大。

应用范围:适用精确控制任一开度和流量,一般设置在水道进口,水流在空气中消能。

图2-4-17为空注阀示意图。

(四)锥形阀

锥形阀广泛应用于中小型水利水电工程压力管道的出口,控制流量。其构造分为外套式和内套式两种。外套式锥形阀由法兰盘、固定阀体、活动阀套、锥体、操纵设备等组成。法兰盘附有止水圈并利用预埋螺栓与水工建筑物内的法兰连接。固定阀体为圆筒形,其上游端与法兰连接,下游端沿径向设置的4~6片肋板与锥体连接,锥体为呈90°角锥面的圆盘,在阀体下游的锥体圆盘上设置橡皮止水环。固定阀体与锥体之间留有1/2阀径的环形敞口,作为泄流出口。活动阀套也为圆筒形,阀套两端的内、外壁均分别设有金属导向环和加固环。关闭阀门时,活动阀套沿阀体外壁和肋板自由端面向下游侧移动,抵紧锥体圆盘,达到严密止水的目的。开启阀门时,活动阀套向上游侧移动,水流经肋板

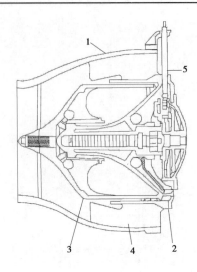

1—阀体;2—固定阀舌;3—活动阀舌;4—通气叶;5—操作杆

图 2-4-17　空注阀示意图

间射出,遇锥面后转向成 90° 角而向四周喷射,水舌呈空心锥形面扩散,在空气中消能。这种阀形全部为悬臂结构,因此阀门尺寸受到限制。

内套式锥形阀是在外套式基础上发展起来的,并在广东省首先使用。它由固定阀体、活动阀套、锥体、行走轮和操纵设备等组成。固定阀体上游端与管道连接,为增强阀体刚度,在其壁外设置加劲环并将阀体全部埋入混凝土;阀体下游端与锥体连接,其间留有 0.5 倍阀径的环形敞口,作为阀门泄流出口;在阀体加强环和锥体环形梁上均设有橡皮止水圈。活动阀套内壁一般采用 6~8 片径向布置的肋板加强,阀套两端的外壁各设加强环,其上游端紧接加强环处设有条形滑块,相应于滑块位置的阀体内壁配置支撑导向走轮。活动阀套下游端的加强环上设置行走轮。关闭阀门时,活动阀套沿固定阀体的内壁向下游移动,待抵紧锥体,达到严密止水。开启阀门时,活动阀套向上游移动,水流经环形敞口中射出,水舌呈空心锥形扩散,在空气中消能。这种阀门结构简单,便于制造,自重与其他阀门相比较轻;水力条件较好,流量系数大。但在泄流时,下游水雾较大,影响下游范围内正常生活和工作条件。

图 2-4-18、图 2-4-19 分别为外套式、内套式锥形阀示意图。

(五)闸阀

移动式闸阀因最早作为高压阀门应用于水利工程而得名。其由门叶、阀段、上下游管道、腰箱、腰箱盖及启闭设备等组成。根据闸阀承受水头的大小可选用铸铁或铸钢制成,在云南毛家村水电站中首先采用了焊接钢结构的高压滑动闸门,尺寸水头 2.5×2.5 - 70 m。闸阀的门叶由面板、主梁、次梁组成,一般多为主横梁式;门叶底缘做成向上游倾斜 45° 角的斜面,以减小底缘泄流时的负压。门叶下游支撑面一般设置精加工的青铜滑道,滑道除承受水压荷载外,还起到闸门止水作用。门槽段和腰箱均采用分块加工制造并用螺栓连成整体结构。在门槽底部留凹槽浇筑巴氏合金作为闸阀门叶的底止水座。门槽段和腰箱均埋入混凝土,腰箱上方设置腰箱盖和启闭设备。液压启闭机的活塞杆通过腰箱

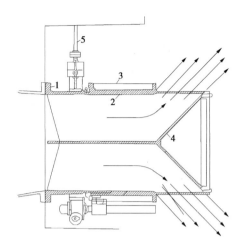

1—法兰盘;2—固定阀体;3—活动阀套;4—锥体;5—操纵设备

图 2-4-18　外套式锥形阀示意图

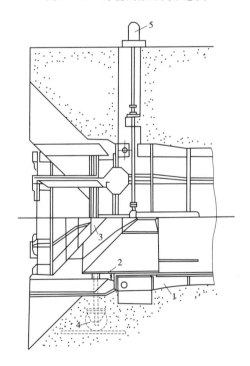

1—固定阀体;2—活动阀套;3—锥体;4—行走轮;5—操纵设备

图 2-4-19　内套式锥形阀示意图

直接与门叶相连,并操纵门叶的提升和关闭。

特点:可封闭孔口尺寸较小,制造、安装复杂,造价高,维修不便。

应用范围:该闸阀在国外应用较广,在中华人民共和国成立初期治淮工程上也曾采用过。

图 2-4-20 为闸阀示意图。

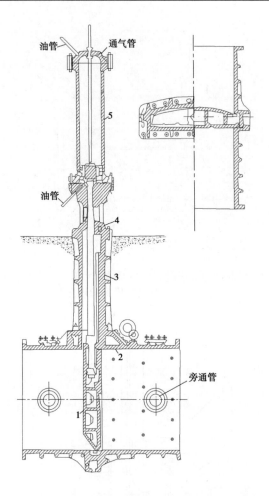

1—门叶;2—上下游管道;3—腰箱;4—腰箱盖;5—启闭设备

图 2-4-20　闸阀示意图

（六）蝴蝶阀

蝴蝶阀主要由一块支撑在转轴上的圆盘形活门绕转轴旋转某一角度即可开启或堵塞孔道;泄流时活门平行于水流方向,阻力非常小。蝴蝶阀转轴有卧式与立式两种形式。

特点:采用铸件结构可拼装,尺寸不宜太大,制造加工复杂,造价高。密封和转轴易遭泥沙磨损、淤积;需定期检修。因此,一般水利水电工程上使用较少。

图 2-4-21 为蝴蝶阀示意图。

（七）球形闸阀

球形闸阀阀体外形似球,但其活门内设有与上下游管道完全吻合的孔道。当开阀泄流时,可操纵活门使孔道两端正好与上下游管道衔接;当关闭阀门时,将活门孔道不与管道衔接即可。球形闸阀有卧轴与立轴两类。卧轴球形闸阀有单面密封与双面密封两种。

特点:采用铸件结构可拼装,尺寸不宜太大,制造加工复杂,造价高。密封和转轴易遭泥沙磨损、淤积;需定期检修。水利水电工程中使用较少。

图 2-4-22 为球形闸阀示意图。

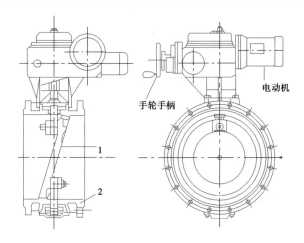

1—活门;2—阀体

图 2-4-21　蝴蝶阀示意图

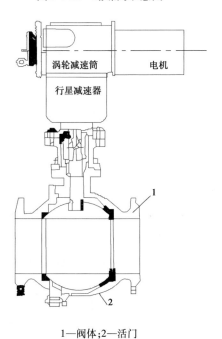

1—阀体;2—活门

图 2-4-22　球形闸阀示意图

第三章　平板闸门应用

第一节　直升式闸门

一、滑动闸门应用实例

(一)三峡左岸电站尾水平面滑动闸门

1. 工程概况

三峡水利枢纽位于长江干流三峡中的西陵峡,坝址在湖北省宜昌市三斗坪,距三峡出口南津关 38 km,在葛洲坝水利枢纽上游 40 km。枢纽主要建筑物由大坝、水电站和通航建筑物三大部分组成。拦河坝为混凝土重力坝,大坝坝轴线全长 2 309.47 m,最大坝高 181 m。大坝右侧茅坪溪防护坝为沥青混凝土心墙砂砾石坝,最大坝高 104 m。泄洪坝段居河床中部,前沿总长 483 m,设有 23 个深孔、22 个表孔。水电站坝段位于泄洪坝段两侧,进水口尺寸 11.2 m×19.5 m,底高程 108 m。压力管道内径 12.4 m,采用钢衬钢筋混凝土结构。水电站采用坝后式厂房,设有左、右岸两组厂房,共安装 26 台水轮发电机组。

2. 电站尾水闸门

电站尾水闸门 10 套,为超大型平面滑动门,闸门外形尺寸为 10.2 m×9.56 m×1.65 m,由顶、中、底三节门叶组成;设计水头 51.35 m,正向支承为钢基铜塑复合材料,反向支承为弹性支承,P 型水封,门叶节间用连接轴连接,顶节设两个平压阀。主要结构板厚 16 ~ 30 mm,材质 Q345C。

图 3-1-1 为闸门上游视图。

(二)佛子岭抽水蓄能电站工程泄水闸潜孔平面滑动闸门

1. 工程概况

佛子岭抽水蓄能电站位于安徽省已建磨子潭水库与佛子岭水库之间,电站以磨子潭水库为上库,以佛子岭水库为下库,水道系统总长约 2.2 km。上库进(出)水口布置于磨子潭水库大坝左侧,下库出(进)水口布置于掉楼村对岸。距下库出(进)水口约 3.2 km 的狮子崖处筑一道拦河坝(坝顶高程 115.0 m)形成过渡性下库,拦河坝左坝端布置一座泄水闸,当佛子岭水库水位达到 112.0 m 时,打开泄水闸,过渡性下库和佛子岭水库连通,形成蓄能电站下库;当佛子岭水库水位低于 112.0 m 时,关闭泄水闸,过渡性下库即为抽水蓄能电站的下库。下坝泄水闸布置一道工作闸门连通过渡性下库与佛子岭水库,在动水中启闭。

2. 下坝泄水闸工作闸门

闸门孔口尺寸为 8 m×7.5 m(宽×高),泄水闸共 3 孔,底槛高程 102.5 m,检修平台高程 119.0 m,启闭机台高程 130.0 m,闸门在动水中启闭。挡水条件:坝上水位 118.8 m,

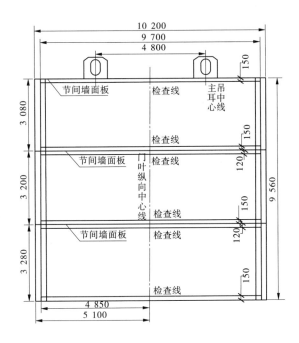

图 3-1-1　闸门上游视图

坝下水位 109.0 m;启门条件:坝上水位 115.0 m,坝下水位 102.5 m;闭门条件:坝上水位 110.0 m,坝下水位 102.5 m。

闸门采用潜孔式平面滑动钢闸门,门体尺寸为 8.84 m×7.75 m(宽×高),门体分为 2 节,上节门叶尺寸为 8.84 m×4.05 m(宽×高),下节门叶尺寸为 8.84 m×3.70 m(宽×高),节间由销轴铰接,上、下节门叶之间独立承载。

(1)门叶。上、下节门叶均为实腹式变截面双主横梁焊接钢结构,主材材质为 Q235,主梁跨中梁高 0.9 m。

(2)止水。顶、侧止水采用 Ω50 型橡皮,底止水采用 H120 型楔形橡皮;闸门止水宽度 8.1 m,止水高度 7.6 m。

(3)主支承。闸门主支承采用工程塑料合金自润滑滑块;闸门主支承跨度 8.58 m。

启闭机:选用 QPQ－2×800 kN 型固定卷扬式启闭机,行程 18 m,启闭速度 1.30～1.50 m/min。

图 3-1-2、图 3-1-3 分别为闸门布置图及平视图。

(三)墩油坊泄洪闸露顶平面滑动混凝土闸门

1. 工程概况

墩油坊泄洪闸位于安徽省的潜南干渠,它是淠河总干渠的一条主要干渠,原主干渠渠线全长 43.68 km,从淠河总干渠渠首骚古井起至五十铺止,渠首设计灌溉引水流量 27 m³/s。后将干渠向下游延长 2.80 km,干渠末端延至魏田庄止,干渠渠线全长 46.48 km。

泄洪闸共 3 孔,孔口净宽 3 m,底槛高程 44.3 m,检修平台高程 50.2 m,启闭机台高程 53.5 m,在动水中启闭。

挡水与启闭条件:闸上水位 47.64 m,闸下无水。

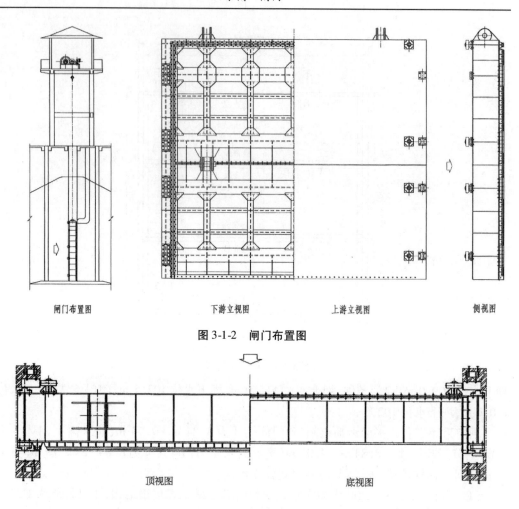

闸门布置图   下游立视图   上游立视图   侧视图

图 3-1-2　闸门布置图

顶视图   底视图

图 3-1-3　闸门平视图

2. 闸门总体布置

闸门采用钢筋混凝土滑动门,门体尺寸为 3. 46 m ×3. 70 m(宽×高)。

(1)门叶。闸门面板设 4 根主梁、1 道纵梁,边柱按构造要求设置。面板厚 80 mm,梁高 300 mm,主梁宽 200 mm。闸门承受单向水头,侧止水均采用 P 型止水橡皮,底止水采用刀型,止水宽度 3. 1 m。主支承形式为钢基铜塑复合材料;反向支承采用铸铁滑块,布置在各主梁与边柱相交处。闸门采用单吊点。

(2)门槽。闸门尺寸 0. 45 m ×0. 26 m(宽×深),采用矩形门槽;门槽内布置有主轨、反轨、底槛,埋件采用焊接件,材质为 Q235。

(3)启闭机。选用 QLSD -1 ×120 kN -6. 2 m 型手电两用螺杆式启闭机,共 3 台,行程 6. 20 m。

3. 闸门的技术特点

(1)灌区渠道设计水头较低,采用钢筋混凝土闸门,可节省钢材用量,免除了门体的防腐处理。

(2)闸门支承采用钢基铜塑滑块 -不锈钢轨道,可大幅降低闸门的摩擦阻力,减小启闭机容量;手电两用螺杆式启闭机在闸门启吊后有自锁性能,停电时可通过手摇装置启升或关闭闸门。

图 3-1-4、图 3-1-5 分别为闸门位置图及结构视图。

二、定轮闸门

(一)高密孟家沟水库平面闸门

1. 工程概况

高密孟家沟水库兴利库容 1 730 万 m³,总库容 2 406 万 m³,工程规模为中型,枢纽工程由围坝、泄洪闸、左右岸出库涵闸等部分组成。水库的设计洪水标准为 50 年一遇设计,校核洪水标准为 300 年一遇,灌溉面积 5.2 万亩❶,日供农村生活用水 0.5 万 m³。围坝为砂砾石坝,长 10 315 m,围坝坝顶高程 36.5 ~ 38.2 m,顶宽 8.0 m。泄洪闸共 10 孔,采用平板钢闸门,每孔净尺寸为 10 m × 7 m。在围坝左、右岸各设出库涵闸一座。

2. 泄洪闸工作闸门

泄洪闸工作闸门为 10 m × 7 m 露顶式平面定轮钢闸门,共 10 孔,门体材料为 Q235 钢,闸门结构采用双主梁,主梁为变截面;支撑形式为悬臂轮;橡胶止水,侧止水为"L"型,底止水为板条型。闸门埋件采用 Q235 型钢与钢板焊接。

该闸门主要技术参数:孔口宽度为 10 m;闸门高度为 7.0 m;兴利水头为 6.5 m;控泄挡水高度为 6.73 m;闸门自重为 20.55 t;埋件重量为 4.75 t;止水形式为前封水;运行条件为在动水中启闭。

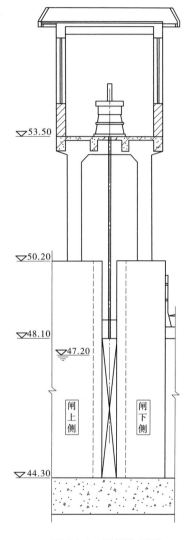

图 3-1-4　闸门位置图

图 3-1-6、图 3-1-7 分别为实际工程闸门下游视图、闸门结构设计图。

(二)淮河入海水道淮安枢纽工程潜孔式平面定轮闸门

1. 工程概况

淮河入海水道淮安枢纽工程位于江苏省淮安市南郊,是淮河入海水道上的第二级枢纽工程,主要是泄洪、防洪、航运,同时也兼顾地方排涝的要求。立交地涵工程是淮安枢纽工程的主要建筑物。

立交地涵工程的工作闸门采用平面钢闸门,共计 15 孔。闸门孔口宽度 6.8 m,孔口净高为 8 m,闸门底板高程 - 6.0 m,闸墩顶高程 15.5 m。在正常情况下开启 1 ~ 2 孔闸

❶　1 亩 = 1/15 hm²,下同。

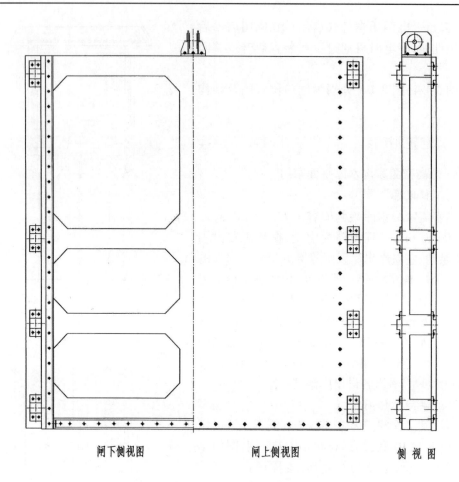

闸下侧视图　　　　　　　　　　闸上侧视图　　　　　　　　　　侧视图

图 3-1-5　闸门结构视图

图 3-1-6　实际工程闸门下游视图

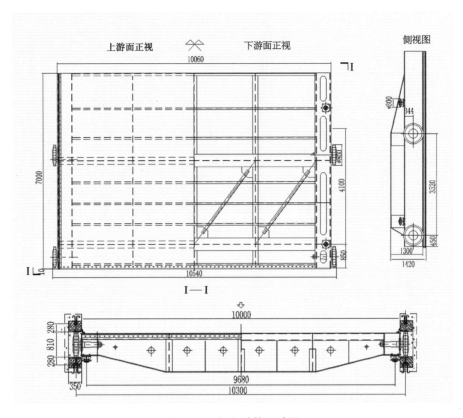

图 3-1-7 闸门结构设计图

门,当发生较大洪水时则开启闸门泄洪。

2. 工作闸门

采用潜孔式平面定轮钢闸门,闸门采用主横梁式布置,共采用 6 根工字钢作为主梁,并焊于闸门面板上,边梁结构形式同主梁,并与主梁同高。闸门上共设有 3 根与主梁同高的实腹式竖梁。

闸门面板侧分别设顶止水橡皮、侧止水橡皮和底止水橡皮;支承为悬臂式定轮,可兼作正、反向支承;为限制闸门的侧向移动,设有 4 个悬臂式侧轮装置。

工作闸门孔口尺寸 6.8 m×8 m(宽×高);底槛高程 -6.0 m。闸门门叶的实际尺寸 6.98 m×8.1 m(宽×高),门叶的厚度 408 mm。闸门面板底缘和底止水橡皮共同组成闸门底缘。闸门的门槽尺寸 560 mm×300 mm(宽×深),主轨采用焊接实腹式工字形轨道,底槛采用工字钢,反轨、门楣采用组合式焊接结构,主、反轨采用一期混凝土浇筑,门楣、底槛采用二期混凝土浇筑。

闸门结构布置图见图 3-1-8。

三、链轮闸门

链轮闸门大多用在深孔中。

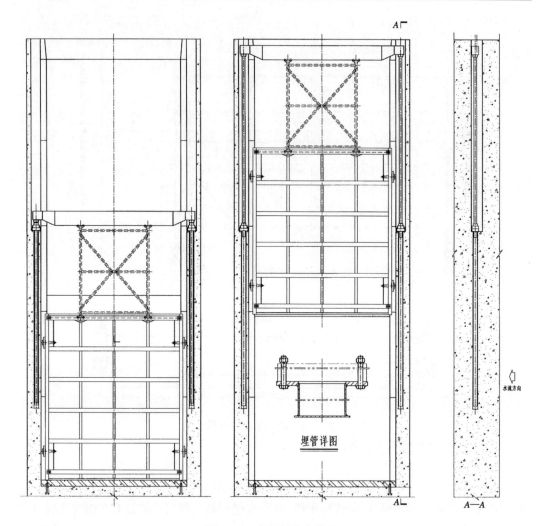

图 3-1-8　闸门结构布置图

（一）小湾水电站放空底孔事故链轮闸门

1. 工程概况

小湾水电站位于云南省西部大理白族自治州的南涧县和临沧地区凤庆县交界的澜沧江中游河段。坝址距昆明市 455 km，水电站至广州市的输电距离为 1 550 km。坝址处控制流域面积 113 300 km^2，多年平均流量 1 210 m^3/s。水电站是以发电为主兼有其他综合利用效益的水力枢纽。

水电站正常蓄水位 1 240.0 m，总库容 151.32 × 10^8 m^3，有效库容 98.95 × 10^8 m^3，库容系数 0.26，属不完全多年调节水库。河床布置抛物线型变厚度混凝土双曲拱坝，最大坝高 292 m，为世界上已建和拟建的最高拱坝。水电站装有 6 台混流式机组，单机容量 700 MW，总装机容量 4 200 MW。多年平均发电量 188.9 × 10^8 kW·h，保证出力 1 845 MW，年利用小时 4 500 h。

水电站按防洪泄水要求，左岸布置泄洪隧洞，坝身布置表孔、中孔、底孔，形成三层泄水建筑物，以表孔泄水为主、中孔和泄洪洞为辅的泄水组合体系。底孔不参与泄洪，仅作放空水库及后期导流用。

水电站设有两个坝身底孔,每个坝身泄洪底孔均设一扇底孔事故检修平面链轮闸门。该闸门采用整挂式链轮,为保证链轮运转顺利,在主要行走支承部分共采用 87 个 $\phi300$ mm 的表面经过氮化处理的链轮,用链板连接成无极链轮,绕门叶边柱上的承载走道面转动。考虑到链轮受力不均匀,取安全系数为 2,单个链轮最大荷载为 5.0×10^6 N。链轮闸门的支承行走装置采用悬臂式,悬臂段伸出闸门门叶结构高度之外。

水电站事故检修链轮闸门初期运行水头 60 m,后期最大静水头高达 150~200 m。门叶分为五个,其中包括门叶梁系结构、主要支承行走部分、侧向导轮、反向导轮及止水装置等。

2. 闸门主要技术参数

闸门材料:Q345B 钢材;孔口宽度:5 m;孔口高度:12 m;门槽倾斜度:6:1;设计水头:160 m;支承跨式:6.95 m;链轮间距:315 mm;吊点形式:单吊点;启闭机形式:双向斜拉门机;启闭机容量:6 000 kN;止水形式:上游止水;操作方式:106 m 水头动水下门,小于 4 m水头静水启门。

闸门结构及剖视图见图 3-1-9。

(二)法国谢尔蓬松坝(Serre – poncon Dam)隧洞进口链轮门

法国谢尔蓬松坝位于罗纳河支流迪朗斯(Durance)河上。坝址距上阿尔卑斯省的加普(Gap)城约 30 km,控制流域面积 3 600 km²,水库总库容 12.7 亿 m³,有效库容 9.0 亿 m³。地下水电站装有 4 台单机容量 8 万 kW 的机组,平均年发电量 7 亿 kW · h。大坝为心墙土石坝,最大坝高 129 m,坝顶宽 12 m,坝顶长 600 m。心墙为冰碛土,上、下游坝壳为河床冲积层砂卵石,上游面用大块石护坡。在左岸布置两条泄水底孔,由两条导流隧洞的末段改建而成,最大泄量 1 200 m³/s。在右岸布置一条泄洪隧洞,最大泄量 2 000 m³/s。坝址基岩为泥质石灰岩,覆盖层厚 90 m。坝基防渗帷幕最大深度 110 m。

2 条导流隧洞内径均为 9.3 m,长度分别为 840 m 和 892 m。导流时总泄量 1 800 m³/s。后期改建内容包括:①在两条隧洞末段各设一个长 40 m 的混凝土塞。塞内设泄水底孔。每个底孔各装一道事故闸门和工作闸门,事故闸门有效面积 14.82 m²(5.7 m ×2.6 m),工作水头为 124 m,每孔泄量为 600 m³/s。②在混凝土塞前,每条导流洞分出两条岔管作为水轮机的压力引水管,并在与水轮机连接处设有蝴蝶阀。③在导流隧洞进口处装设宽 6.2 m、高 11 m 的链轮闸门,在事故情况下可快速关闭。该闸门工作水头 126 m,工程于 1960 年建成。泄水建筑物运用时水力条件比较复杂,1960 年 1 号泄水底孔泄水时,曾发生严重的空蚀破坏,蚀坑体积约 360 m³,后用混凝土衬砌修复。

图 3-1-10 为泄水底孔进水口示意图。

四、串轮(辊)闸门

该闸门应用较少,加拿大曾将串轮(辊)闸门用于溢洪道,闸门尺寸 15.2 m×15.2 m,但后又改为定轮闸门。目前已逐渐被履带闸门所代替。

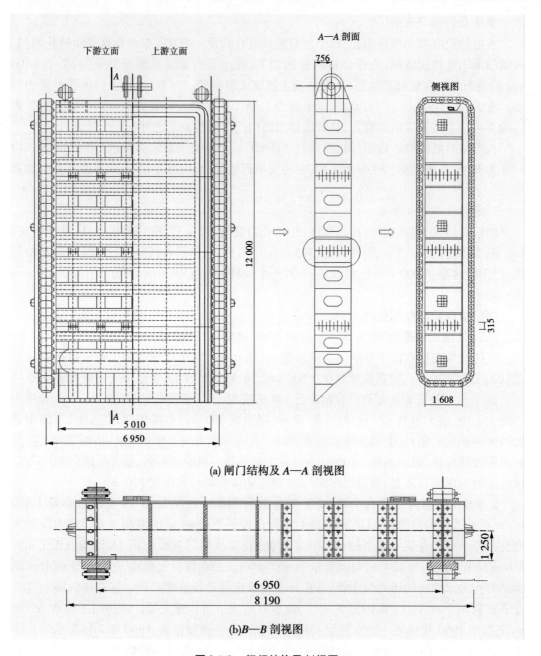

下游立面　　　上游立面

A—A 剖面

756

侧视图

12 000

A

A

5 010

6 950

1 608

315

(a) 闸门结构及 *A—A* 剖视图

1 250

6 950

8 190

(b)*B—B* 剖视图

图 3-1-9　闸门结构及剖视图

五、螺杆铸铁闸门

(一)孟家沟水库祝家庄河穿堤涵闸

涵闸运行条件:在桩号 W4 +697 处的围坝内设一座穿堤涵闸,共 2 孔,孔口尺寸 3.0 m×2.0 m(宽×高)。涵闸底板高程 32.46 m,最高挡水位 35.55 m,在动水中启闭。从祝家庄河引水时闸门打开,其余时间闸门关闭。库内最高水位 35.55 m。孔口净宽 3.0 m、

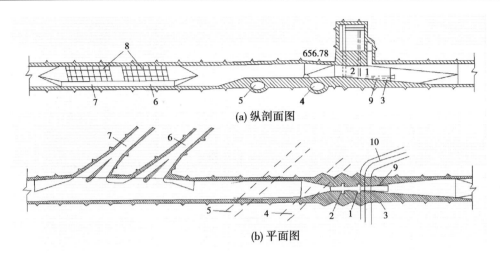

(a) 纵剖面图

(b) 平面图

1—泄水底孔的工作闸门;2—事故闸门;3—排沙管;4—1 号机组的压力管道;
5—2 号机组的压力管道;6—3 号机组进水口的入口;7—4 号机组进水口的入口;
8—进水口的拦污栅;9—钢板衬砌;10—交通道和通气道

图 3-1-10 泄水底孔进水口示意图

孔口高度 2.0 m。

工作闸门设计:闸门选用 3.0×2.0-3.09 m,其中最大挡水高度为 3.09 m,组装式铸铁闸门,门体、门框材质为 QT450。

闸门形式:平面铸铁闸门;孔数 2 孔;孔口宽度 3.0 m;孔口高度 2.0 m;闸门重量 3.0 t;运行条件在动水中启闭。

闸门启闭设备:工作闸门启闭设备选用 LQ-2 启闭手动螺杆式启闭机。启闭设备主要参数如下:启闭机形式:10 t 手动螺杆式启闭机;台数 2 台;螺杆直径 55 mm;重量 0.66 t。

祝家庄河穿堤涵闸平面铸铁闸门示意图见图 3-1-11。

(二)孟家沟水库西排涝沟节制闸

设计运行条件:节制闸位于西排涝沟桩号 PW0+614~PW0+618 处。排涝期闸门打开排除内涝,灌溉期闸门关闭挡水。闸底板顶高程 29.32 m,挡水水位 30.40 m,启门水位 30.40 m。孔口净宽 3.0 m、闸门高度 1.5 m,单孔。

工作闸门设计:闸门选用 3.0×1.5-1.08 m 组装式铸铁闸门,门体、门框材质为 QT450。

闸门形式:3.0×1.5-1.08 m 露顶式铸铁闸门;孔数:1 孔;孔口宽度:3.0 m;闸门高度:1.5 m;闸门自重:2.4 t;运行条件:在动水中启闭。

闸门启闭设备:闸门启闭设备选用 LQ-2×5 手动螺杆式启闭机。启闭设备主要参数如下:

启闭机形式:LQ-5×2 手动螺杆式启闭机;台数:1 台;螺杆直径:55 mm;重量:0.66 t。

西排涝沟节制闸平面铸铁闸门示意图见图 3-1-12。

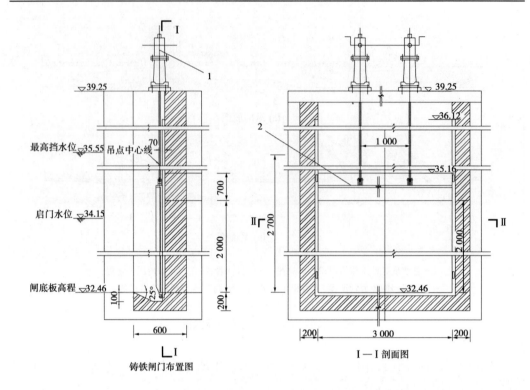

铸铁闸门布置图　　　　　　　　I—I 剖面图

1—螺杆式启闭机;2—平面铸铁闸门

图 3-1-11　祝家庄河穿堤涵闸平面铸铁闸门示意图

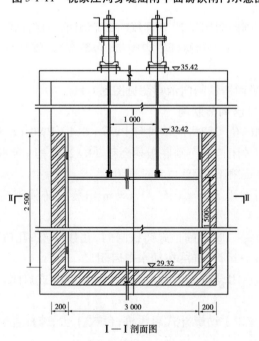

I—I 剖面图

图 3-1-12　西排涝沟节制闸平面铸铁闸门示意图

第二节　横拉闸门

一、佘山人工湖水闸工程悬挂式横拉钢闸门

(一)工程概况

水闸位于上海市松江县佘山风景区,主要功能为控制人工湖水位:当湖区水位较低时开闸引水;当湖区水位较高时开闸排水。整个湖区有南、北两个闸门,可以根据两侧水位、水质及湖区水位、水质等情况同时进行调水,是维持人工湖景观的主要控制工程。

水闸采用悬挂式横拉工作闸门。在闸孔一侧设置门库,闸孔及门库上部设置顶梁,将通常设在门底的行走滚轮移至门顶,闸室底板高程0.00 m,闸孔顶梁底高程3.50 m,闸孔顶梁顶高程4.50 m,闸孔宽度6 m,启闭设备选用集成式液压启闭机,闸门可以在动水中启闭。

闸门的设计水位组合如下:挡水时,湖外水位3.65 m,湖内水位2.50 m;蓄水时,湖外水位1.50 m,湖内水位2.80 m。

(二)闸门总布置

闸门采用主梁格式布置,梁格为等高布置,闸孔上部设置顶梁,闸门底部设置2个滚轮,闸门顶部设置6个滚轮,门顶的6个滚轮支承在闸孔上部设置的顶梁上,其中4个滚轮用于承载闸门垂直向的重力,水压力通过面板、梁格、上下各两个水平向的滚轮分别传递至闸孔上部顶梁以及闸门底板上。闸门梁格均采用实腹式梁,选用型钢焊接结构,底梁、顶梁、边梁以及主梁等高。滚轮采用悬臂式滚轮,用于承载闸门垂直向重力的滚轮直径400 mm,用于承载闸门水平向水压力的滚轮直径为500 mm,轴承采用钢基镶嵌自润滑轴承。

为满足闸门的止水要求,在闸门的面板前、后侧各设有一道P型止水橡皮,橡皮设置在闸门的四边,超出门叶边框6 cm,使止水橡皮有较好的弹性,止水橡皮高出滚轮支承面5 mm。

闸门孔口宽度6 m,孔口高度3.50 m。门叶实际尺寸6.35 m×3.48 m(宽×高),厚度0.41 m,预埋件均采用型钢与钢板组合式结构,二期混凝土浇筑。

闸门的主体结构部分,面板、主梁、边梁等材料均为Q235,滚轮选用ZG270-500型,轴类材料选用45#钢,轴套类选用铜基镶嵌自润滑轴承。

闸门结构中板材的厚度为10~30 mm,底梁、顶梁、边梁以及水平主梁选用槽钢40b,垂直主梁选用工字钢40b,垂直次梁选用槽钢20b,面板厚度10 mm。

(三)闸门技术特点

横拉门支承与止水构造复杂,零件较多,尤其以顶、底台车为基;闸门属于悬挂式横拉工作闸门,将通常设在门底的行走滚轮移至门顶,降低了发生闸门卡阻的可能,同时在门底设置侧向挡轮,解决了横拉门不易在动水中启闭的问题,满足了动水启闭的要求,启闭设备选用集成式液压启闭机。

闸门布置图及结构图分别见图3-2-1、图3-2-2。

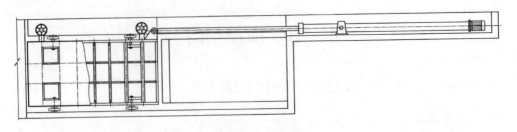

闸门与启闭机立面布置图

图 3-2-1　闸门布置图

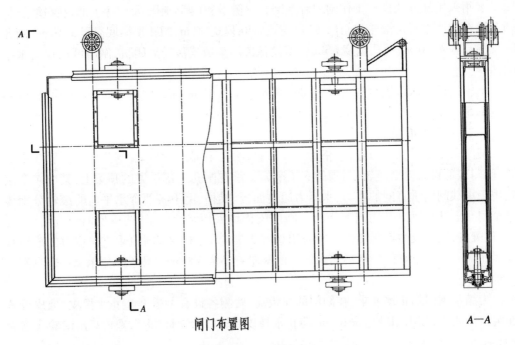

闸门布置图　　　　　　　　　A—A

图 3-2-2　闸门结构图

二、巢湖闸枢纽控制改造工程横拉式平面钢闸门

(一)工程概况

巢湖闸枢纽工程位于巢湖通江出口,枢纽工程包括节制闸、船闸和鱼道等。本工程为工程船闸下闸工作门。

巢湖船闸为Ⅲ级船闸,通航能力为 1 000 t 级,闸室长 195 m、宽 15 m,闸室底板高程 3.50 m,下闸首孔口宽度为 15 m,底槛高程 3.50 m,底槛槽底高程 2.80 m,门顶高程 14.00 m。

挡水条件:正向闸上水位 12.50 m,闸下水位 9.50 m;反向闸上水位 9.50 m,闸下水位 12.50 m。

通航条件:最高闸上水位 12.50 m,闸下水位 9.50 m;正常闸上水位 8.50 m,闸下水位 8.00 m;最低闸上水位 7.00 m,闸下水位 6.50 m。

(二)闸门总体布置

新建横拉式平面钢闸门厚度 3.20 m,底轨间距 2.80 m,顶轨间距 4.56 m。门体采用完全对称结构,闸门上下游侧均设面板、止水和顶底侧向导向装置。

门台设 7 个 K 形水平桁架(含顶底横桁架)、2 个端纵架、5 个中纵架、1 个分纵架、6 根纵架,门叶宽度 15.55 m,门叶高 10.60 m。

闸门止水布置在门体上下游面板外侧,侧止水兼作闸门挡水支承。

在门库进口两边侧墙上安装顶侧轮,顶侧轮轨道设在闸门顶桁架处的面板外侧,中心高程 13.70 m。底侧轮安装在闸门底部,共 4 只,底侧轨安装在底槽两边侧墙上。

底平车安装在闸门一端的底桁架上,其在闸门行走方向和上下游方向均可轻微移动。门体与侧向支承上下游两侧留有 15 mm 间隙。图 3-2-3 为闸门布置视图。

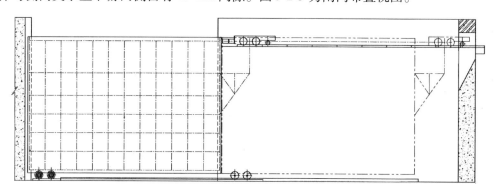

立面视图

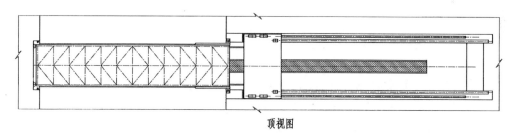

顶视图

图 3-2-3　闸门布置视图

启闭机采用齿条式启闭机,启闭机和顶台车为一体,齿条安装在顶轨床上。

(三)闸门技术特点

工程采用横拉式平面钢闸门,解决了闸门的重心偏心问题,门体采用完全对称结构,闸门的上下游侧均设有面板、止水和顶底侧向导向装置。

第三节　转动式闸门

一、钢坝闸

(一)青岛市云溪河钢坝闸

云溪河防洪闸位于云溪河入大沽河主河槽(桩号109+000)西侧900 m处,与营旧公路跨云溪河桥合建,距店子河入云溪河东侧1 400 m。

1. 工作闸门

1)闸门尺寸

工作闸门为17×6.4-5.98 m的有支臂卧倒式平板钢闸门,门体材料采用Q235钢,闸门结构采用主、次梁;侧止水为P型,底止水座板为不锈钢,钢闸门通过拐臂与启闭机连接,闸墩顶部设置导向架。其主要参数如下:闸门形式:17×6.4-5.98 m露顶式平面卧倒式钢闸门;孔口宽度:17.0 m;闸门高度:6.4 m;上游设计水头:3.50 m;下游设计水头:5.98 m;孔数:7孔;闸门重量:39.7 t;埋件单重:5.15 t;运行方式:在动水中启闭。

2)闸门制作

闸门门叶焊接完毕之后,进行消除应力处理。

对门叶进行机械加工时,满足下列要求:

(1)相应平面之间距离允许偏差为±0.5 mm;

(2)门叶两侧与埋件相接触的表面平面度不大于3 mm;

(3)平行平面的平行度公差不大于0.3 mm;

(4)各机械加工面的表面粗糙度$Ra \leqslant 25$ μm。

3)闸门主要零部件的制造

闸门主要零部件的制造应满足下列要求:

(1)主要零部件的材料满足《水利水电工程钢闸门设计规范》(SL 74—95)规定。主要零部件尺寸公差参照《公差与配合》(GB 1800—1804—79)中的IT6~IT8级规定。表面热处理工艺不但表面硬度满足要求,同时要求硬化层深度满足要求。

(2)滑道支承夹槽与门叶安装符合《水工建筑物金属结构制造、安装及验收规范》(SL J201—80)的规定。

(3)滑道支承与止水座基准面的平行度允许公差为:当滑道长度大于500 mm时,应不大于1.0 mm。相邻滑道衔接端的高低差不大于1.0 mm。

4)止水

止水橡胶采用P型天然氯酊胶,弹性高,止水效果好,耐腐蚀,抗老化。用钢板压条和螺栓把止水橡胶固定在门框边上。预留一定的调整空间,在安装过程中根据闸槽的变形情况进行调整,以确保密封不漏水。

2. 闸门启闭机

集成式启闭机是一种机电液一体的新型启闭机构,它以液压缸为主体,是油泵、电动机、油箱、滤油器、液压控制阀组合的总成。工作的原理是以电机为动力源,电机带动双向油泵输出压力油,通过油路集成块等元件驱动活塞杆来控制闸门的开关。电动机、油泵、液压控制阀和液压缸装在同一轴线上,只需接通电动机的控制电源,即可使活塞杆位移往复运动。液压控制阀组合是由溢流阀、调速阀、液压单向阀等阀组组成的,活塞杆的伸缩由电动机正、反向旋转控制。其具有动作灵活、行程控制准确、自动过载保护等性能,当运行受阻时,油路中压力增高到调定的限额,溢流阀迅速而准确地溢流,实行过载保护,电机运转在额定值内不会烧毁。当启闭机运行到调定行程终端时,启闭机油路集成块中设计了自锁机构,电机停止,活塞杆则自锁在此位置上,处于保压状态。

最大闭门力考虑开启启闭机瞬间,闭门力 = 水压力(竖向) + 闸门自重 + 止水摩阻力 + 支承摩阻力。启闭机选用 YJQ – Q – X – 2 × 800 kN/2 × 500 kN – 7000 集成式启闭机,向下卧倒式,它以液压缸为主体,由油泵、电动机、油箱、滤油器、液压控制阀组合而成。集成式启闭机分两侧布置,无油管铺设。启闭机开启可先开启单孔,也可同时开启 7 孔。启闭机上配置有一套手动装置。

启闭机主要参数如下:

闭门力:2 × 800 kN;启门力:2 × 500 kN;行程:7 000 mm;油缸外径:ϕ400 mm;柱塞直径:ϕ180 mm;工作压力:12.4 MPa;试验压力:15.6 MPa;启门速度:1.06 m/min;闭门速度:0.6 m/min;电机功率:2 × 22 kW。

图 3-3-1 为云溪河钢坝闸平面布置图、图 3-3-2 为云溪河钢坝闸纵剖面图。

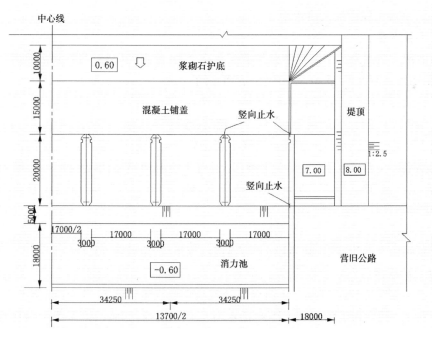

图 3-3-1 云溪河钢坝闸平面布置图

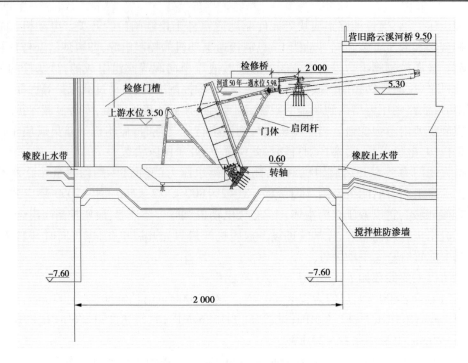

图 3-3-2　云溪河钢坝闸纵剖面图

(二)济南市腊山河入清水闸

1. 工程布置

腊山河入清水闸位于滨河南路与清河南路之间,腊山河西路东侧,闸室距离小清河约 40 m,距离滨河南路约 15 m,距离腊山河西路约 40 m。

工程设计标准为:河道除涝按 10 年一遇洪水设计,相应流量 32.9 m^3/s;河道防洪按 100 年一遇洪水设计,相应流量 66 m^3/s。建筑物级别为 2 级。

按 100 年一遇洪水时上游壅水高度不超过 0.2 m 计算,拟定闸孔净宽 10 m,共 2 孔。采用钢筋混凝土开敞式水闸,平面钢闸门,门高 3.5 m,正常挡水位 24.0 m,最大挡水位 24.6 m。设计墩顶高程 27.25 m,闸底高程 20.90 m,闸后水位 25.69 m(亦即小清河水位)。小清河设计河底高程 20.70 m。

2. 工程设计

节制闸由上游连接段、闸室段、下游连接段等组成,全长约 60.5 m。

1)上游连接段

上游连接段总长度 27 m。上游设 C25 现浇钢筋混凝土铺盖,长 20 m,厚 0.5 m,顶高程 20.90 m。两岸翼墙为现浇 C25 钢筋混凝土直立挡墙,挡墙内侧采用浆砌块石护坡与上游岸坡渐变连接,墙高 6.15 m,墙后填土为 10% 水泥土。上游连接段底宽由进口 10 m 渐变至 20.5 m,于铺盖末端设 1:3 斜坡,连接上游闸门池。闸门池底高程 19.95 m,长 4 m,深 0.95 m。

2)闸室段

泄洪闸闸室为钢筋混凝土整体式结构,顺水流方向长 8.5 m,垂直水流方向宽 28.5

m,共2孔,每孔净宽10 m。闸墩厚2 m,底板厚1 m。闸底板高程20.90 m,闸墩顶高程27.25 m,墩高6.35 m。泄洪闸采用液压式启闭机,为满足启闭设备安装及导向要求,闸墩中间设宽1 m的启闭机槽。为满足闸门关闭时过闸小流量水流要求,两闸室之间设宽1.5 m的挡水墙。挡水墙高2.9 m,厚0.5 m,设计墙顶高程23.80 m,墙顶设叠梁式木闸门,共2节,每节高0.4 m,最大挡水位24.60 m。闸室与上游连接段用橡胶止水带连接。闸室边墩后填土为10%水泥土。

工作桥位于闸室下游侧,设计荷载为人群荷载,钢筋混凝土T梁结构,共2跨,每孔长14.75 m。设不锈钢栏杆。

3)下游连接段

下游连接段由消力池、海漫等组成。消力池为现浇C25钢筋混凝土结构,紧接于闸室后部,用1:3的斜坡段与闸室底板相连接。斜坡段长3 m,池身段长10 m,池深1 m,底板厚0.5 m。

消力池后接M10浆砌块石海漫。海漫长20 m,砌石厚0.3 m。

4)止水设计

为满足闸的渗径长度和不均匀沉陷及温度应力变形,在闸室上游铺盖及中、边墩之间设水平止水;在上游挡墙和边墩之间设垂直止水。止水带采用651塑料止水带,内填20 mm厚沥青杉板,并用聚硫密封胶封口。

5)地基处理

闸基为壤土~中砂~黏土,地基承载力不满足闸室稳定要求。比较钻孔灌注桩及深层搅拌桩两方案的经济技术指标,最终采用施工速度快、造价较低的深层搅拌桩方案。设计采用3排×24根D600深层搅拌桩,桩长15 m,穿透闸基壤土~中砂层,复合地基承载力可达到150 kPa,满足设计要求。

图3-3-3、图3-3-4分别为闸平面布置图、闸室纵剖面图。

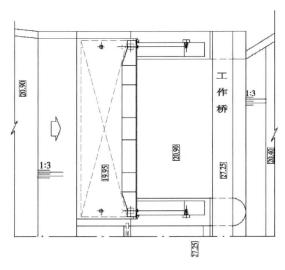

图3-3-3 闸平面布置图

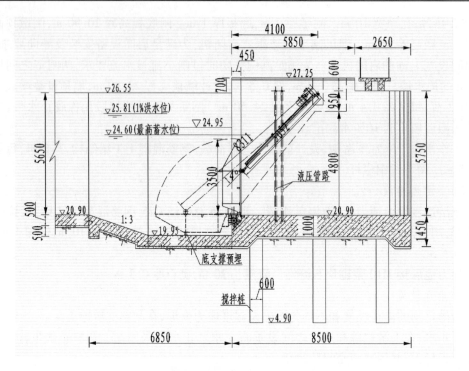

图 3-3-4　闸室纵剖面图

二、液压升降坝(液压翻板闸)

(一)山东省临清市裕民渠液压升降坝

裕民渠是山东省临清市境内一条排灌两用的骨干河道,西起位山引黄三干渠右岸大辛庄办事处小辛庄村西,东至金郝庄镇田王庄村西南入马颊河,全长 33.72 km,流域面积 452 km²,占临清市面积的 47.2%。在河道治理中采用了弧面液压升降坝,并于 2013 年 3 月完工。

图 3-3-5 为液压坝坝面升起后图,图 3-3-6 为液压坝坝面放倒后图。

本工程特点如下:

(1)液压升降坝制造和施工成本低。液压升降坝总体成本低于同等规格的水闸、橡胶坝,活动坝部分与普通翻板闸门相同,比液压翻板门低。

(2)液压升降坝结构坚固可靠,使用寿命长。液压升降坝的力学结构最科学、运行方式最合理。升起坝面后形成一个固定的三角支撑,抗洪水冲击的能力强。

(3)液压升降坝自动化程度高。采用浮标开关控制,操作液压系统,达到无人值守管理,根据上游河道来水涨落实现活动坝面的自动升降。

(4)密封止水效果好,维护管理费用低。

(5)坝型美观,有人造瀑布。坝体采用弧形设计,活动坝面高度可以随意调节,上游水量较大时形成瀑布景观河和水帘长廊奇观,可供游人观赏。

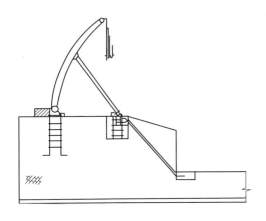
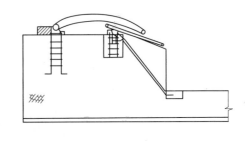

图 3-3-5　液压坝坝面升起后　　　　　　图 3-3-6　液压坝坝面放倒后

（二）湖南省溆浦县桔颂复合坝

桔颂复合坝位于溆浦县城溆水二桥下游 40 m 处,坝址处 20 年一遇洪峰流量为 5 370 m³/s,50 年一遇洪峰流量为 6 850 m³/s。溆水河桔颂复合坝工程由橡胶坝、液压升降坝、泵房、消力池和护岸等建筑物组成,呈"一"字形布置。坝轴线总长为 247.5 m,橡胶坝段总长 199.5 m,其中坝袋净长 65 m×3 m(共三段),隔墩厚 1.5 m;液压升降坝长 30 m,共设 5 孔,尺寸为 6 m×4.5 m;泵房长 17.0 m,宽 12 m。橡胶坝与液压升降坝后接 1:4 斜坡段与消力池相接,消力池池深均为 1.3 m,消力池池长 18.5 m。在流量低于 314 m³/s 时,无须启动橡胶坝塌坝,最大程度降低了橡胶坝操作频率。

枢纽工程中液压升降坝长 30 m,共设 5 孔,尺寸为 6 m×4.5 m。图 3-3-7 为液压升降坝剖面图。

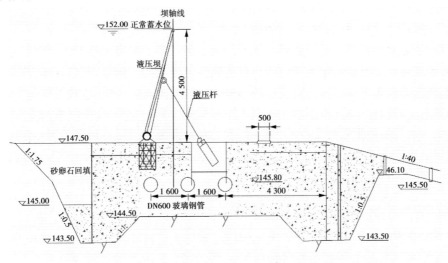

图 3-3-7　液压升降坝剖面图

（三）法国塞纳河 Andresy 液压翻板闸

法国塞纳河 Andresy 液压翻板闸位于塞纳河上,建于 1980 年。设有 30 扇小门,每一扇小门高 3.3 m、宽 2.5 m。闸门是液压操作,可以放置在四个可能的位置之一。该闸门挡水后,便于船只在塞纳河上航行。法国塞纳河 Andresy 液压翻板闸见图 3-3-8。

图 3-3-8　　法国塞纳河 Andresy 液压翻板闸

三、水力自控翻板闸

现在应用最为广泛的翻板闸门即为水力自控翻板闸,其工作原理是杠杆平衡与转动,具体来说,水力自控翻板闸是利用水力和闸门重量相互制衡,通过增设阻尼反馈系统来达到调控水位的目的:当上游水位升高时,闸门绕"横轴"逐渐开启泄流;当上游水位下降时,闸门逐渐回关蓄水,使上游水位始终保持在设计要求的范围内。例如,滚轮连杆式翻板闸是一种双支点带连杆的闸门,由面板、支腿、支墩、滚轮、连杆等部件组成,根据闸门水位的变化,依靠水力作用自动控制闸门的开启和关闭。当上游来流量加大,闸门上游水位抬高,动水压力对支点的力矩大于门重与各种阻尼对支点的力矩时,闸门自动开启到一定倾角,直到在该倾角下动水压力对支点的力矩等于门重支点的力矩,达到该流量下新的平衡。流量不变时,开启角度也不变。而当上游流量减少到一定程度,使门重对支点的力矩大于动水压力与各种阻尼对支点的力矩时,水力自控翻板闸门可自行回关到一定倾角,从而又达到该流量下新的平衡。

（一）烟台海阳市东梨园双支点翻板闸

海阳市白沙河治理工程新建翻板闸 4 座,改建 1 座,门高分别为 1.2 m、1.5 m,分别为新庄头、青纱埠、陈家疃、东梨园等翻板闸工程。东梨园翻板闸是其中的一座。

东梨园翻板闸位于白沙河桩号 18 + 590 处,采用 3 孔自动翻板闸,河底高程 46.1 m,设计蓄水位 47.65 m,底板高出原河底 0.3 m,闸门高 1.2 m,回水长度 400 m。

拦河闸总宽 30.5 m,净宽 29.3 m,顺水流方向长 28.7 m,翻板闸采用双支点水力自控预制钢筋混凝土及钢板复合闸门。

闸室段:翻板闸门 3 孔,中孔宽 11.7 m,边孔宽 8.8 m,每孔闸门有 3 ~ 4 叶 2.9 m ×

1.2 m 的闸门连接而成。闸室顺水流方向长 2.8 m,钢筋混凝土结构,底板顶高程 46.4 m,厚 0.5 m,一扇翻板闸门设两个独立支墩,采用 C25 混凝土结构,为流线型。

进口段:闸室上游设 C25 混凝土铺盖,长 6 m。

下游出口段:消力池总长 9 m,斜坡长 3.6 m,厚 0.35 m,C25 混凝土结构,池底高程 45.5 m,池深 0.6 m。护坦长 6 m,厚 0.4 m,M10 砌石结构,下设 0.1 m 厚的碎石垫层。

图 3-3-9 为东梨园翻板闸门开启图片。

图 3-3-9 东梨园翻板闸门开启图片

(二)昆明盘龙河连杆滚轮翻板闸门

翻板闸门位于云南省文山县,闸坝属Ⅳ等工程,主要建筑物按 4 级建筑物设计;闸门按 50 年一遇的洪峰流量进行设计,设计洪峰流量为 522 m³/s。

在溢流堰上设置 6 扇斜高 3 m、宽 7 m 的水力自控翻板闸门,门下拦河坝为重力式实用堰。水力自控翻板闸门上游正常蓄水位 1 254.73 m,堰顶高程为 1 251.64 m,泄流净宽 42 m。坝宽 8 m,坝长 42.20 m,坝上游设置黏土防渗铺盖。

闸门采用连杆滚轮翻板闸门,门体为组装式预制钢筋混凝土结构,支承部分用型钢及铸钢。金属结构均采取镀铬或镀锌等防腐措施。

铺盖长 10 m,黏土盖上设 0.30 m 厚的干砌块石与 0.20 m 厚的砂卵石垫层。坝后消能采用降低护坦形成的消力池,消力池深度为 0.50 m,水平段长度为 13.50 m。消力池底板采用钢筋混凝土结构,厚 0.50 m。底板下设置厚 0.20 m 的砂卵石垫层。消力池末端设防冲齿墙,墙底高程低于河底高程 2.00 m。

图 3-3-10 为连杆滚轮翻板闸门挡水时图片。

图 3-3-10　连杆滚轮翻板闸门挡水时图片

（三）贵州都匀市水上运动中心多铰式翻板闸门

都匀市水上运动中心翻板坝工程位于剑江河下游段，在都匀市银狮桥北端的河段中。坝址以上控制流域面积 376.90 km^2，多年平均流量 10.60 m^3/s。水力自控翻板闸泄洪净宽 105.0 m，设 15 扇水力自控翻板闸门。正常蓄水位 770.50 m（门顶高程），坝顶高程 769.00 m。当门前水位高于门顶 0.10 m 时闸门开始启动，随来流量增加，闸门也自动逐渐加大开度；当来水流量减少时，闸门自动逐渐回关，具有良好的自控性能。闸门完全关闭时上游水位不低于门顶。

翻板闸门为多铰式，门铅垂高 1.50 m，斜高 1.64 m，每扇门宽 7 m。

门体采用组装式预制钢筋混凝土结构，支承部分用型钢及铸钢。金属结构均采取镀铬或镀锌等防腐措施。

多铰式翻板闸门挡水时图片见图 3-3-11。

（四）贵州都匀市二医院滑块式翻板坝工程

该翻板坝工程位于贵州省都匀市剑江河下游，距上游莱科所坝约 1 300 m。工程由固定坝、防护墩、闸门面板、支腿、支墩、运转结构及工作便桥组成。闸坝高 3.08 m，其中固定坝高 0.88 m、水力自控翻板闸高 2.20 m，坝长 88 m，正常蓄水位 760.60 m。翻板闸门上游设防护墩。

闸门规格为 2.20 m×7.30 m×12 扇，采用滑块式水力自动翻板闸门形式；每扇闸门设两条支腿，位置距闸门中心线 2.01 m，支墩设置与支腿同。在支墩下游设工作便桥。门体为预制钢筋混凝土结构，支撑部分采用型钢及铸钢。

翻板坝顶溢流图片见图 3-3-12。

图 3-3-11　多铰式翻板闸门挡水时图片

图 3-3-12　翻板坝顶溢流图片

四、拍门

(一)莱芜市沟里水库溢流堰进水管拍门

1.工程概况

莱芜市莱城区沟里水库位于牟汶河支流莲花河上,控制流域面积 43.1 km²,设计总库容 1 033 万 m³,属中型水库。水库于 1965 年 7 月建成,主要任务以防洪为主,兼顾工业供水、农业灌溉等。华能莱芜发电厂建于 1972 年,位于库区上游右岸,前期华能莱芜电厂的粉煤灰大多排入河道汇入库区。根据 2015 年实测资料,到 2015 年 6 月,水库兴利水位以下库内粉煤灰与泥沙淤积量共计 168.43 万 m^3,兴利水位以下库容仅 554.57 万 m^3,因渗漏严重,无法发挥水库的正常作用。

为充分发挥水库的兴利作用,决定对水库实施增容工程,通过采取清淤、防渗及护岸等工程措施,有效增加兴利库容。设计库底高程 195.92 m,库底清淤开挖底高程 195.32 m。沟里水库大桥以北岸坡 202.0 m 高程以上边坡 1∶3.0、以下边坡 1∶8;对 202.0 m 高程以上的边坡进行护砌。库底、库岸采用两布一膜和复合土工膜防渗。在库区进口上游设溢流堰一处,沿库区两岸设抬田 5 处。

增容后水库设计死水位 196.67 m,死库容 21.11 万 m^3;兴利水位 207.37 m,兴利库容 761.37 万 m^3;总库容 1 129 万 m^3,仍为中型水库。库岸顶高程 207.87 m。共计挖方 355.05 万 m^3,兴利水位相应库容比现状增加了 227.91 万 m^3。

2. 溢流堰进水管拍门布置

溢流堰位于桩号 KZ2 +105 处,采用 WES 堰型及折线组合而成,最大堰高 5.37 m,堰体采用 C30 混凝土结构,溢流堰堰体总长度为 80 m。上游进水渠长 200 m,其中溢流堰上游 70 m 范围内采用厚 20 cm 的 C20 混凝土进行护坡,其余部分采取直接开挖而成,岩石开挖边坡 1∶1,土体开挖边坡 1∶2;供水管道在堰上游 50 m 处穿越河道;溢流堰下接消力池,消力池宽 80 m,总长 11 m,池底顶高程 201.15 m,深 0.85 m;消力池后接海漫,海漫长 11.3 m,海漫段两岸扩散角为 10°,下游段宽 84 m;海漫下游为长 2 m 的防冲槽。同时,溢流堰堰体上分两次共布置四个进水管,管径 1 000 mm;进水管上游由闸阀控制,出口设拍门控制。

上游闸阀平时敞开,作为拍门的检修门或事故门使用。

进水管拍门布置图见图 3-3-13。

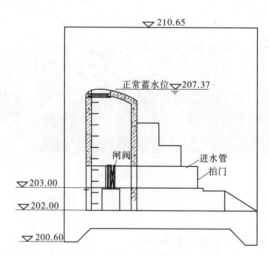

图 3-3-13　进水管拍门布置图

(二)南水北调东线解台泵站带小拍门的快速工作闸门

1. 工程概况

南水北调东线解台泵站枢纽位于江苏省铜山县大吴乡西南,京杭大运河不牢河段南岸。枢纽工程由导流闸、节制闸、泵站、清污机桥组成。泵站单机配套功率 3 000 kW,总

装机容量 15 000 kW;出水流道工作闸门和事故闸门的设计条件如下:

(1)闸门设计水位:$H_外$ =31. 84 m,$H_内$ =25. 80 m;

(2)闸门启闭力计算水位:$H_外$ =31. 84 m,$H_内$ =25. 80 m;

(3)门底高程 26. 45 m,闸顶高程 31. 00 m。

快速工作闸门位于泵站出水流道末端;事故闸门位于工作闸门内侧。当机组停机工作闸门发生故障无法闭门时,事故闸门应快速关闭,防止机组发生安全事故。同时,在机组停止运行时,事故闸门可以用来挡水,兼作检修门使用。

2.闸门总体布置

泵站设 5 套机组,出水流道工作闸门及事故闸门各 5 扇,采用平面直升定轮单向止水钢闸门,工作闸门门叶尺寸为 7. 22 m×4. 25 m(宽×高),门背上设小拍门;事故闸门门叶尺寸为 6. 76 m×4. 20 m。主梁高 0. 80 m,采用变截面设计,端部梁高 0. 60 m。主滚轮材料为 HT300,主轮轴材料为 45#钢,轴承采用 MGA 自润滑圆柱滑动轴承。侧轮采用铸铁件,轴承采用 SF - 1。将角钢焊于闸门边梁上作为底支承。闸门止水橡皮侧、顶止水为 P 型,底止水为 I₁ 型。

闸门主轨采用 16Mn 焊接件,侧轨、底轨采用 Q235 焊接件。

出水流道闸门采用 QPKY - 2 × 160 kN - 4. 6 m 型液压启闭机启闭。

3.闸门技术特点

工作门背后设置的小拍门可在机组启动初期受水流冲力而打开,以防止机组出现安全事故。当出水流道侧因工作门外水头较高不宜设溢流孔,或溢流孔出口设置较高或工作门启门速度难以满足机组启动要求的情况下,工作门后设置小拍门是防止机组压力过高的巧妙方法。当机组停机时,工作闸门需快速关闭,如工作闸门发生故障,事故闸门应迅速做出反应,快速关闭。

工作门拍门见图 3-3-14。

五、三角闸门与人字闸门

(一)怀洪新河续建工程何巷船闸闸首三角闸门

1.工程概况

怀洪新河续建工程何巷船闸位于安徽省怀远县境内,涡河新大桥上游、涡河老河湾与符怀新河交汇处,是何巷枢纽的重要组成部分。北距许郢闸约 1. 50 km,南距怀远县城约 6 km。

船闸按Ⅵ级航道标准设计,并承担分泄部分洪水及枯水期引水灌溉以及航运等任务。闸首及闸室净宽 8 m,闸室长 80 m,空箱墙上设桥头堡及控制操作室,下设输水廊道。船闸上闸首采用钢结构双扉门,上扉门为升卧门,下扉门为直升门,采用卷扬式启闭机;下闸首采用钢结构三角闸门,卧式液压启闭机启闭;输水廊道采用钢结构平面闸门,卷扬式启闭机。

2.工程布置与闸门

何巷船闸为Ⅵ级船闸。船闸闸室净宽 8 m,底槛高程 14. 37 m。下闸首孔口尺寸为 8 m×6 m(宽×高)。设计水位:涡河侧 19. 87 m;符怀新河侧 15. 87 m。通航水位:涡河侧

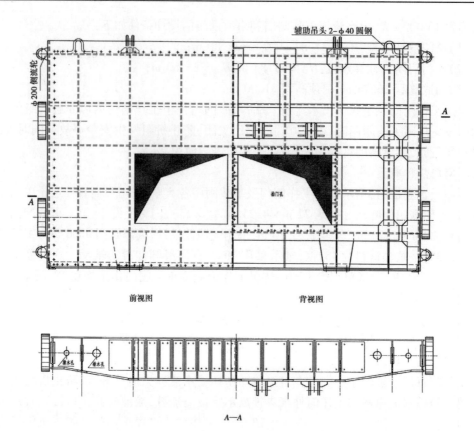

前视图　　　　　　　　背视图

A—A

图 3-3-14　工作门拍门

最高 19.87 m,最低 15.87 m;符怀新河侧最高 17.37 m,最低 15.87 m。

下闸首三角闸门门顶高程 20.37 m,超过最高通航水位 0.50 m,门高 6 m。闸门面板布置在闸室侧,为便于闸门制造,将面板布置成平面,梁格由纵梁和横梁组成。水压力通过水平桁架和竖向桁架组成的空间桁架传给支铰。水平桁架布置三榀,桁架轴承线夹角 66°,桁架由型钢焊接而成。为便于制造,三榀桁架结构相同。竖向桁架主要承受闸门自重并将水平桁架连成整体。支承顶枢、中枢、底枢均采用铸钢件。

闸门采用平水启闭,采用型号为 QRWY – 2×100 kN/2×50 kN – 2.22 m 型的液压启闭机。液压缸中心线高程 20.07 m,超过最高通航水位。液压泵站及控制系统布置在 22.87 m 高程。

图 3-3-15 为三角闸门。

3.闸门技术特点

闸门为钢结构三角门,平水启闭,采用卧式液压启闭机启闭,可承受双向水头。

(二)南四湖辛安河闸人字闸门

南四湖是沂沭泗河流域的一个组成部分。湖东堤位于南四湖东侧,北起石佛老运河东堤,南到微山县郗山,途经济宁市的任城区、微山县和枣庄市的滕州市。在入湖支流及沟口与大堤相交处,新建 14 座水闸工程,其中辛安河闸、小荆河闸 2 座水闸采用 23 m 宽大孔口人字水闸。

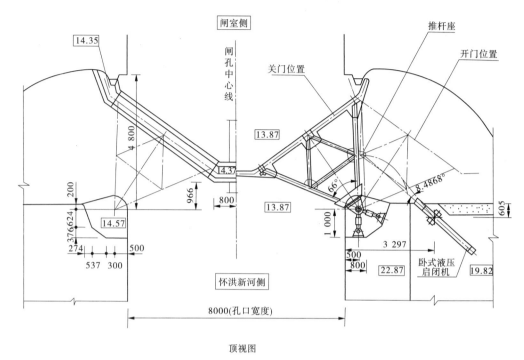

顶视图

图 3-3-15　三角闸门

1. 闸门结构设计

人字闸门由两扇对称门扇组成,每个门扇各绕其端部顶枢和底枢而旋转,在关闭挡水时,两扇门拱向上游,相互支承在中间的斜接柱上。当闸门开启时,两门扇分别转动到两端闸首边墩的门龛内。人字闸门门体采用平板式结构,主梁采用实腹式焊接工字形截面,并在人字闸门下游设对角斜撑。斜接柱和门轴柱采用连续钢结构件,既起支承作用,又兼作止水。人字闸门的止水布置在门侧与闸首边墩、门底与门槛、两门扇之间的中缝等部位。门轴柱的上、下端设置顶枢和底枢,门扇的启闭绕由顶枢和底枢中心连成的竖直轴线而转动,在门轴柱的外侧布置支垫座,在门扇下游设置了限位装置。人字闸门主要参数如下:闸门形式:人字式平面钢闸门;孔口宽度:23.0 m;闸门单扇宽度:13.532 m;闸门高度:8.81 m;设计水头:7.7 m;启闭方式:静水启闭。

2. 启闭设备

(1)闸门采用液压启闭机,其主要参数如下:形式:QRWY200 kN 卧式;工作行程:4 500 mm;油缸内径:160 mm;活塞杆直径:90 m;闸门启闭速度:1～1.5 m/min;液压泵站电动机:Y180L－6,15 kW×2(每个泵站2台);启闭机数量:2台。

(2)液压启闭机结构布置。每孔人字闸门采用2台卧式人字闸门液压启闭机。2台液压启闭机共设置两套液压泵站,分别控制左、右两扇人字闸门启闭,并保证两扇闸门同步运行。启闭机具有行程检测装置、安全调压保护、方向控制、节流调速,满足闸门同步运行要求等功能,并可采用手动、自动、远方三种控制方式,互相切换并互锁。

3. 闸门控制运用工况

人字闸门在正常运行期,常年开门。洪水期具有挡水要求,闸门关闭,最高挡水 7.7

m。洪水过后，人字闸门开启。闸门检修水位为最低水位 32.0 m。

(三)临淮岗船闸下闸首人字闸门

1. 工程概况

临淮岗洪水控制工程位于安徽省临淮岗市，临淮岗船闸等级为Ⅳ级，闸首净宽 12 m，底槛高程 14.20 m，门槛高程 14.80 m，吃水深度 1.50 m，安全通航水深 2.50 m，通航净空高度 8 m，建筑物等级为 1 级。

船闸上、下闸首各设一道船闸工作闸门，用来封闭或开启航道，廊道中部各设一道输水工作闸门以满足闸室输水平压和事故断流条件，上、下闸首各设一道检修闸门，满足闸室、闸门检修要求。

临淮岗船闸下闸首工作闸门挡水条件：闸上水位 28.41 m，闸下水位 26.75 m。闸门校核条件：闸上水位 29.49 m。最高通航水位：闸上 26.90 m，闸下 26.70 m。最低通航水位：闸上 17.60 m，闸下 17.40 m。检修水位：闸上 22.40 m，闸下 22.40 m。最高水位：4.50 m。运行条件：0.10 m 水头差静水启闭。闸门底槛高程 14.20 m，门槛高程 14.80 m，孔口净宽 12 m，闸门门顶高程 30.50 m。

2. 闸门总体布置

人字闸门门轴线压力角为 22.5°，门叶尺寸为 7.11 m×15.30 m(宽×高)，止水宽度 6.87 m。门叶转动中心距合力中心 Y 轴向(上游侧)196 mm，X 轴向(闸孔内侧)93.50 mm。

闸门门叶为实腹式变截面主横梁焊接构件，共设 13 道主梁。主梁跨中梁高 0.76 m。主梁梁距区格内均布置水平次梁，竖向梁系布置 4 道纵梁，间距 1.80 m。竖梁与主梁等高齐平连接；两端门轴柱、斜接柱采用由断面钢板、竖直腹板、竖直隔板以及加劲板组成的开口工字形截面。背拉杆采用 20# 槽钢，并用弧面板封闭。

底枢蘑菇头采用 40Cr 锻钢件，球径 150 mm，承轴巢采用钢基镶嵌自润滑材料，利用镶嵌在铜基体呈网孔状的聚四氟、聚甲醛填料。底枢安装基面高程为 14.48 m。

顶枢设两根可调节拉杆，两根顶枢拉杆夹角为 80°，并分别与水流流向、垂直水流流向夹角 5°。拉杆采用 45# 锻钢件，顶枢上拉杆安装中心高程为 30.22 m。

支枕是门扇的主要支承构件，是三铰拱结构的铰点部件，采用一侧可调节支枕，分别布置在各道主梁的端部。安装时利用调节螺栓调整楔形弧面支枕垫的空间位置，确定后用螺栓固接。

人字闸门门龛尺寸为 8.70 m×1.20 m(宽×深)，闸门关闭后，门边距闸首侧墙边线 0.15 m，距门龛边约 0.30 m。

闸门支枕、止水等埋件均采用 Q235 焊接构件。

单扇人字闸门采用 QRWY - 160 kN/160 kN 型液压启闭机操作，油缸缸径为 200 mm，活塞杆径为 140 mm。启闭机轴线高程为 30.50 m，启闭机行程为 3.95 m，启闭速度为 1 m/min，闸门与启闭机连接支座布置在门扇中心线处。

图 3-3-16 为闸门与启闭机位置图、图 3-3-17 为临淮岗船闸下闸首人字闸门结构。

(四)常州钟楼平面弧形双开闸门

常州钟楼防洪控制工程位于京杭运河常州市区段钟楼，距老武宜运河口上游 600 m，

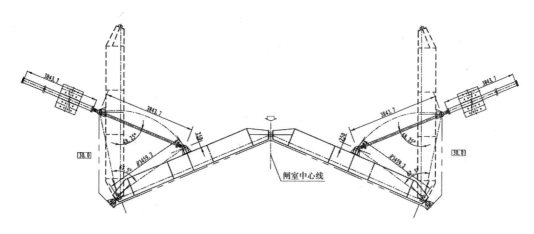

图 3-3-16　闸门与启闭机位置图

闸门设计净宽 90 m,共 2 孔,采用平面弧形有轨双开钢闸门,工程按 50 年一遇洪水位设计,历史最高洪水位校核,工程等别为 Ⅱ 等,主要水工建筑物为 2 级。

1. 闸门总体布置

弧面半径为 60 m,弧面门体厚为 3.5 m,从关门挡水位置运行至门库中运行角度为 58.35°,门顶高程 6.5 m,支铰中心高程 5.027 m。

弧形闸门挡水时,岸墙侧止水设在弧形闸门与岸墙接触处,距离岸墙 0.5 m,底止水采用 L 形止水橡皮,与高程 -1.0 m 活动底轨接触,中间采用止水尼龙板。

弧形闸门外侧面板弧长为 58.357 m,张角为 59.82°,弧形闸门受水压力作用弧长宽度为 52.3 m。闸门横向布置上、中、下和底四道实腹式主横梁,底主梁距底板的距离为 0.55 m,上、中主梁间距 2.64 m,中、下主梁间距 2.42 m,下、底主梁间距 1.89 m。门体上、底横梁间设置浮箱。

支臂采用 3 根 $\phi520 \times 18$ 钢管组成的格构杆。

支铰安装于岸边主沉井上,中心距岸墙 5 m,支铰轴径 600 mm,闸门检修和挡水时,支铰轴线与支臂中心线垂直。弧形门支铰采用自润滑 GEW600XFZ5-2RS 球关节轴承,该轴承在垂直平面内可以偏摆 2°,以满足闸门特殊情况沉浮的需要。

图 3-3-18 为常州钟楼平面弧形双开钢闸门。

2. 闸门运行方式

钟楼防洪控制工程的闸门在启闭过程中均为闸门在底轨上滑行,即闸门底部与轨道始终保持接触运行。启闭设备采用的是特大型单根钢丝绳双向出绳的绳鼓启闭机,当需要关闭闸门时,闭门钢丝绳收紧的同时,启门钢丝绳同步同量放出,在牵引力的作用下,闸门绕球关节支铰进行旋转,闸门运行至指定位置时,自动停机;启门过程则相反。闸门在关闭过程中,利用门头"刀"形结构及高压水枪进行冲淤。

钟楼防洪控制工程闸门具有三角门与横拉门优点和独特的运行方式,启闭装置简单可靠。

六、安徽黄山妹滩水电站液压下翻转式闸门

安徽黄山妹滩水电站闸门宽度 28 m,挡水高度 7 m,设水下廊道布置辅助设施;采用

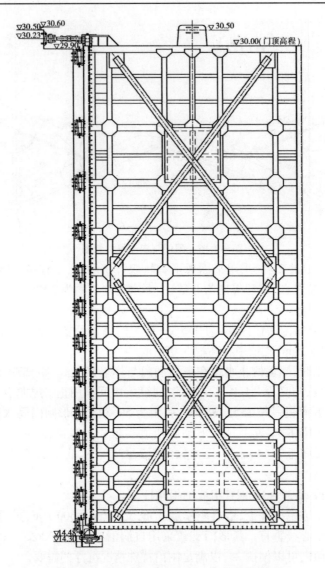

图 3-3-17　临淮岗船闸下闸首人字闸门结构图

液压下翻转式闸门形式,液压下翻转式闸门布置在水下,两侧设有拐臂。液压启闭机安装在闸墩两侧,通过液压启闭机牵引拐臂控制闸门的启闭。活塞杆带动闸门绕水道底坎的固定铰转动,实现挡水和泄水。

妹滩水电站钢闸坝剖面图见图 3-3-19。

图 3-3-18　常州钟楼平面弧形双开钢闸门

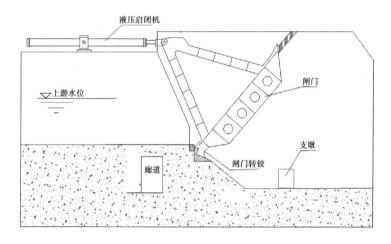

图 3-3-19　妹滩水电站钢闸坝剖面图

第四节　浮箱闸门

一、意大利威尼斯河口摩西浮动挡潮闸

意大利威尼斯市由散布在威尼斯潟湖中的众多大小岛屿组成,潟湖与大海被天然的长条形岸堤隔开,其中有三个豁口。威尼斯市政府在三个豁口处建设挡潮闸,挡潮闸由空腹的、可沉浮旋转的闸门组成,闸门以铰链固定在海底闸底板上。不挡潮时闸门充水后平卧海底,水面上看不到闸门。当需要挡潮时,向闸门厢里压气排水,闸门就以铰链为轴旋转、浮起挡潮;待潮位下降时,向闸门内注水排气,闸门又沉回海底。各扇闸门之间不设止水,每个高潮段漏进潟湖的水可能使水位升高 5 ~ 10 cm,不会对威尼斯市的安全构成威胁。该工程称摩西计划,故又称摩西水闸。

摩西水闸闸门工作原理见图 3-4-1,摩西水闸闸门结构图见图 3-4-2。

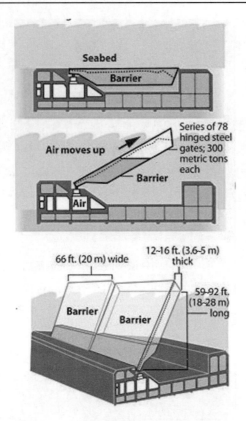

图 3-4-1　摩西水闸闸门工作原理示意图

图 3-4-2　摩西水闸闸门结构图

二、常州新闸防洪控制工程大型浮箱闸

(一)工程布置

常州新闸防洪控制工程地处京杭运河苏南段,为单孔 60 m 宽节制闸,工程位于德胜河河口下游 660 m 处。浮箱闸由下部浮箱和上部卧倒门组成。浮箱采用长 64 m、宽 10

m、高 3 m 的整体钢结构箱体,闸门总高 8.0 m。浮箱内部共划分为 6 个水舱。水舱充水设备采用电动闸阀,排水设备采用潜水泵,水舱内置水位传感器,可适时监控各水舱的水位并自动控制各水舱的充排水量,确保浮箱门启闭时平稳沉浮。上部卧倒门采用平板钢闸门结构,共 10 孔,每孔宽 4.5 m。平板闸门通过铰与浮箱连接,在非挡水期均卧倒于浮箱的顶板上。

闸门采用双吊点液压启闭,液压启闭机配置同步纠偏装置,以保证平稳升卧。卧倒门的锁定采用油路自锁,同时加装压力传感器,通过微机控制进行自动补油。

浮箱闸就位系统采用动力舱牵引箱体使浮箱绕一端转动中枢转动,转动中枢由固定在箱体上的固定环与沉井上的定位柱构成。浮箱闸运行过程中,环与柱始终保持一点接触。为安全考虑,浮箱与沉井之间另设宽松缆铰。

闸门侧封水橡皮采用加聚氯乙烯复合材料,底封水采用空心复合材料。

浮箱门设计工况上游水位 5.38 m,下游水位 4.30 m;校核工况上游水位 5.98 m,下游水位 4.30 m。

图 3-4-3 为浮箱闸门平面布置图。

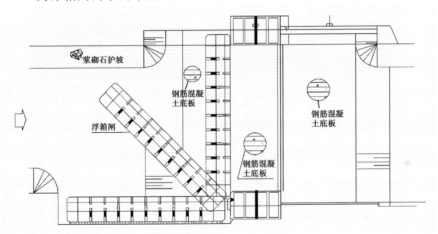

图 3-4-3　浮箱闸门平面布置图

(二)闸门结构形式

浮箱门由底部浮箱与上部闸孔组成,浮箱尺寸为 64.0 m×10.0 m×3.0 m(长×宽×高);上置 10 孔单宽 4.5 m 的闸门。非汛期浮箱门置于门库,汛期需要关闸时利用浮箱门端部的驱动设备或绞车钢丝绳牵引将浮箱门移至闸位,然后向浮箱内注水,使之下沉。汛后抽水使浮箱上浮出水面,并在驱动设备或绞车钢丝绳牵引下移入门库。

节制闸闸孔净宽 60 m,两侧岸墙为空箱沉井结构,空箱顶高程为 7.0 m,沉井刃脚高程 -10.0 m,沉井顺水流向长 20 m,垂直水流向宽 12 m。

闸底板顶高程 -1.5 m,顺水流向长 29.5 m,厚 1.4~1.2 m,箱模混凝土底板下设垂直防渗钢板桩,板桩底高程 -10.0 m。

浮箱门门库平面尺寸为 70 m×13 m,底高程 -1.5~1.0 m,设灌注排桩挡土墙。

浮箱门采用 16 锰钢,浮箱上置总宽 45 m 的下卧式闸门,下卧门为平面钢闸门,门顶高程 6.5 m,采用液压启闭机启闭。

浮箱设为 6 个充排水区,每个充排水区内设充排水系统,在浮箱门两端设充排水控制舱。

图 3-4-4 为浮箱闸门工程图片。

图 3-4-4　浮箱闸门工程图片

三、日本岩渊闸 Akasuimon(红色闸门)

岩渊闸所在的河流在日本被称为野河。岩渊闸未修建以前,野河经常发洪水,沿河居住两岸的房屋经常遭到水淹。1910 年野河发生大洪水,造成上百万人流离失所。为此,日本政府决定治理野河,政府修建了很多排水沟渠,岩渊闸建成于 1924 年 10 月。旧的岩渊闸颜色为红色,又称为红闸,单扇闸门宽 9 m,共 5 孔。闸门驱动方式依靠水压进行,可避免暴雨洪水发生时电力中断的影响。

如今,日本的建筑师们在岩渊闸的背后又建设了一道新闸,其作用和岩渊闸相同。该闸又称为青闸,单扇闸门宽 10 m,共 3 孔。水位上涨的时候,水门关闭,荒川上流和隅田川的水流断绝,通常封闭的时间约 45 min。水闸设有自备发电装置和电源,这是防止地震时电源失效的备用装置。

图 3-4-5 为红闸闸门视图,图 3-4-6 为青闸闸门视图。

图 3-4-5　红闸闸门视图

图 3-4-6　青闸闸门视图

第五节　升卧闸门

一、重庆市綦江县马颈子水库升卧闸门

(一)工程概况

重庆市綦江县马颈子水库位于綦江河一级支流的清溪河上,采用砌石重力拱坝,最大坝高 31.25 m,坝顶长 93.2 m。坝顶为开敞式正堰溢洪道。坝址以上控制流域面积 303.3

km^2,正常蓄水位 438.30 m,相应库容 400 万 m^3;200 年一遇校核洪水位 444.82 m,总库容 812 万 m^3。1981 年建成了坝后式皂角林水电站,1987 年建成了引水式马颈子水电站。

在水库扩建工程中,洪水标准按 30 年一遇洪水设计,200 年一遇洪水校核。水库扩建工程实施后,大坝加高 3.00 m,正常水位达 441.30 m,正常库容增加到 556 万 m^3,总库容达 858 万 m^3。坝顶溢洪闸采用升卧闸门。

（二）工程布置

扩建工程主要建筑物包括非溢流坝段加高及加设防浪墙,溢流坝段增设活动挡水闸及启闭设施、工作桥。工程仍采用坝顶开敞式正堰溢洪道,沿溢流坝段堰顶前缘等距布置 6 孔升卧式闸门活动挡水设施,调节水库水位、控制泄流。两闸墩中心距 9.0 m,闸孔净宽 7.5 m,闸门正常挡水深 3.0 m。大坝非溢流坝段左端设闸门运行总控制室,根据运行工况,可单门、分组或 6 门同时启闭运行,通过水位信号控制,可自动、电动或手动启闭运行。

图 3-5-1 为砌石重力拱坝闸墩平面布置图,图 3-5-2、图 3-5-3 分别为闸门布置图、闸门结构图。

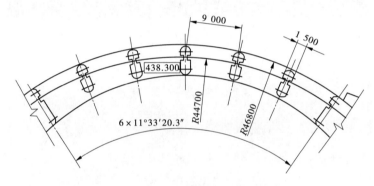

图 3-5-1 砌石重力拱坝闸墩平面布置图

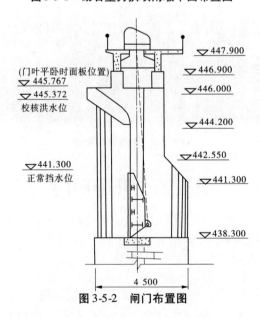

图 3-5-2 闸门布置图

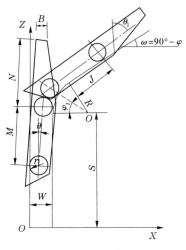

图 3-5-3　闸门结构图

二、浙江省嘉兴市苏州塘穆湖溪枢纽平面升卧式钢闸门

(一)工程概况

苏州塘穆湖溪枢纽建筑物是浙江省嘉兴市城市防洪工程的重要组成部分,由苏州塘大闸和穆湖溪枢纽组成,二者之间由一小岛相连。苏州塘大闸共 4 孔,中间 2 孔为通航孔,净宽 16 m,旁边 2 孔为通水闸,净宽 8 m。穆湖溪枢纽由泵站、通水闸和挡水坝组成,泵站设计流量 72 m³/s,装机容量为 6×380 kW;通水闸为单孔,净宽 8 m,挡水坝总长 90 m。

工程防洪标准为百年一遇洪水设计,枢纽为 2 级建筑物。外河设计洪水位 4.52 m,内河控制最高水位 3.67 m,最低水位 2.87 m。

工作闸门平时全开平卧,满足通航通水要求;汛期挡水;特殊条件下需开闸引水。

(二)闸门布置

通航孔闸室净宽 16 m,孔口数量为 2 孔,闸室底槛高程 -0.20 m,闸顶高程 6.10 m。闸门检修平卧高程 9.50 m,启闭机台高程 13.90 m。闸门外河挡水位 4.52 m,相应内河控制最低水位 2.87 m;闸门启闭水位差 1.00 m,外河水位 4.17 m,相应内河水位 3.17 m。

闸门总体布置门叶为实腹式变截面主横梁焊接构件。主材 Q235A,布置双主梁。主梁跨中梁高 1.45 m,支端、顶梁梁高 0.60 m;侧止水采用 P50 型止水橡皮,底止水采用 H16 型止水橡皮;闸门主支承采用 4 套直径 600 mm 的悬臂定轮,轴套为 SF-2 钢基塑材料,闸门侧向限位采用直径 250 mm 的简支铸钢滚轮;门槽尺寸为 15.92 m×5.70 m(宽×高)。双吊点距 7 m;采用 QPQ-2×250 kN-13 m 型卷扬式启闭机。

闸门防洪水位:闸门外河挡水位 4.52 m,内河控制最低水位 2.87 m。

闸门门叶视图及闸门布置图见图 3-5-4、图 3-5-5。

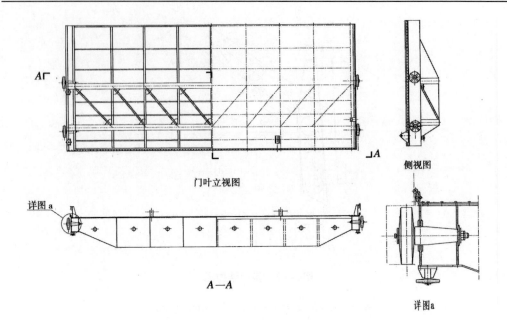

门叶立视图

侧视图

详图a

A—A

详图a

图 3-5-4　闸门门叶视图

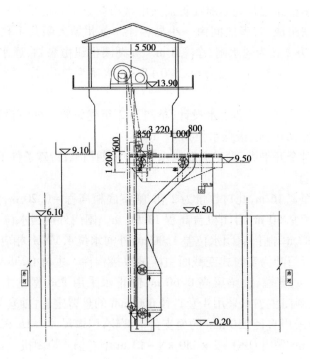

图 3-5-5　闸门布置图

（三）**闸门技术特点**

（1）升卧门型可降低工作桥高程。

（2）设置脱挂自如式机械锁定装置,使工作闸门平时全开平卧能安全锁定。

三、张家浜东段整治工程平面升卧式钢闸门

（一）工程概况

张家浜东段整治工程节制闸为3孔孔径10 m的节制闸,两边为潜孔直升闸门。为使中孔启闭机房同边孔闸门启闭机放在同一高度,中孔门型采用升卧式工作闸门,闸室底板高程-1.00 m。

闸门为双主横梁式布置,滚轮采用悬臂式结构,闸门主体结构包括面板、主梁、横向联结系、边梁、纵梁、顶梁、底梁等梁格结构,以及止水、滚轮、锁定装置等附属设备。闸门的启闭设备选用QHQ-2×250 kN-10 m型固定卷扬式弧形闸门启闭机,在动水中启闭。

闸门的设计水位组合:挡潮时,闸上水位6.49 m,闸下水位2.50 m;蓄水时,闸上水位0.32 m,闸下水位2.80 m。

（二）闸门总体布置

闸门采用主横梁式布置,梁格为等高连接,闸门的水压力通过面板、次梁、主梁、边梁、滚轮、轨道传递至闸墩上,形式为变截面实腹式焊接主梁,横向连接系为桁架结构,2根垂直次梁与3片横向连接系交替布置,闸门边梁上安装4个悬臂滚轮,边梁为实腹式焊接结构,与主梁的端部同高。同时,面板设4根水平次梁,顶、底横梁均为25#槽钢,底横梁的槽口向下,槽口内设置支撑木,减轻关门时闸门对底板的冲击,滚轮轴承采用自润滑轴承。

工作闸门孔口宽度为10 m,闸门门叶的实际尺寸为9.94 m×8 m(宽×高),门叶的最大厚度为1.61 m,变截面主梁两端厚度0.60 mm,滚轮直径为0.70 m,侧轨及底槛等预埋件均采用型钢与钢板组合式结构。

闸门的主体结构部分,如面板、主梁、边梁等材料均为Q235,滚轮选用ZG270-500,轴类材料选用45#钢,轴套类选用铜基镶嵌自润滑轴承。

闸门结构中板材的厚度为10~30 mm,小横梁及横向连接系桁架结构选用不同的工字钢对开而成的T形钢。

闸门结构图见图3-5-6。

（三）技术特点

在底横梁的槽口内设置支撑木,减轻关门时闸门对底板的冲击力。

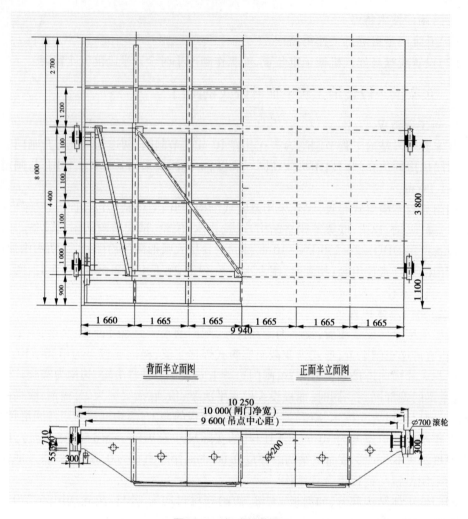

背面半立面图　　　正面半立面图

图 3-5-6　闸门结构图

第六节　叠梁及悬挂式闸门

叠梁闸门作为检修门应用较广,少量用于工作闸门。

一、山东莒县峤山水库溢洪道检修闸门

峤山水库位于莒县城东北约 12 km 处,属淮河流域,在沭河水系袁公河支流的大石头河上。水库于 1958 年 4 月开始动工兴建,1958 年 7 月竣工蓄水,是以防洪、灌溉为主,结合发电、养鱼等综合利用的中型水库。水库控制流域面积为 81 km²,总库容为 0.442 0 × 10⁸ m³,兴利库容为 0.220 6 × 10⁸ m³,兴利水位 145.50 m,100 年一遇设计洪水位 150.04 m,300 年一遇校核洪水位 150.65 m。枢纽工程由大坝、溢洪道、放水洞、发电站等组成。2003 年除险加固时,新建溢洪闸闸室布置于桩号 0 + 235 ~ 0 + 250,溢洪闸共 3 孔,每孔净宽 8.0 m,闸门正常挡水高度 5.0 m。

（一）检修闸门设计

检修闸门为一套 8×1.25 m 叠梁式平面钢闸门，共 4 节，检修水位 147.5 m。门叶采用双主梁结构，等高连接。止水材料为橡胶防Ⅱ，侧止水为 L 形，底水封为板形，止水座板为不锈钢。闸门主要参数如下：闸门形式：叠梁式平面钢闸门；孔口宽度：8.0 m；单节高度：1.25 m（共 4 节）；单重：3.6 t；埋件自重：1.7 t；吊点距：4.98 m；止水形式：前封水；运行条件：在静水中启闭；支承形式：滑动。

（二）启吊设备

检修门设置一套启吊设备，包括移动式启闭机和自动挂钩梁，启闭机形式为双吊点环链电动葫芦，启闭机容量为 2×50 kN。移动式启闭机控制闸门和挂钩梁的升降、移动，自动挂钩梁能自动脱、挂闸门。

图 3-6-1 为检修闸门布置图。

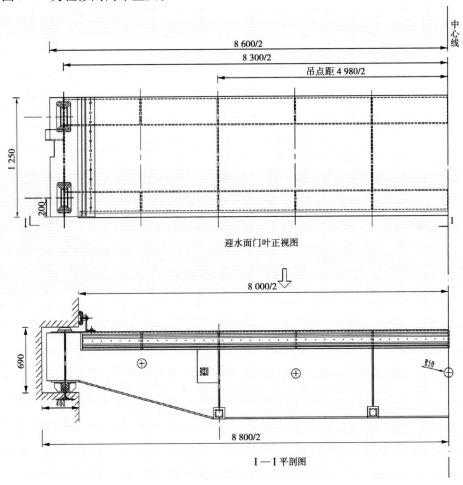

图 3-6-1 检修闸门布置图

二、临淮岗洪水控制工程深孔浮箱叠梁式检修钢闸门

(一)工程概况

临淮岗洪水控制工程位于安徽省临淮岗境内,它的深孔闸闸室底板高程较低,常年淹没水下,为满足闸室、工作闸门和闸槽维护、保养的要求,需在工作闸门上、下游各设一道检修门,工程配一套检修门,12 孔共用。

孔口净宽/孔数:8 m/12 孔。

底槛高程为 14.90 m。

检修平台高程:上游 30.00 m,下游 27.20 m。

启闭机台高程:41.0 m。

设计水位:闸上水位:20.50 m,闸室无水;闸下水位:18.50 m,闸室无水。运行条件:在静水中启闭。

(二)闸门总体布置

临淮岗深孔闸检修门采用浮箱式叠梁门,门高 1 m/节,共 10 节(其中闸上 6 节、闸下 4 节)。

(1)门叶:采用变截面实腹式双腹板主梁焊接结构,门叶跨中梁高 0.70 m,端部梁高 0.35 m。跨中段为密封空腔,在自由状态下,浮力略大于闸门自重,门体可浮出水面,便于吊装、运输。

(2)其他:采用铸铁滑块支承。侧止水采用 L 形止水橡皮;节间止水采用 P2 型楔形橡皮。门槽尺寸为 0.45 m×0.24 m(宽×深),矩形门槽。埋件:主反轨门槽采用 Q235 型钢,底槛采用焊接件。上、下游侧电动葫芦轨道采用 136a 工字钢轨道,长均为 118 m。

(3)启闭机。采用 1 台 CD_1-2×30 kN 型双钩同步电动葫芦。

图 3-6-2 为闸门检修位置图,图 3-6-3 为闸门立视图及顶视图。

三、马士河桥悬挂闸门

马士河桥下悬挂闸门于 1929 年建成,是马士河开发项目之一。该挡水工程在桥下面有两跨,每跨有 20 个门轨。每个支撑上有三节小门,这些叠梁门可以被拆除或者安装,以便于调节水流量;每节门的可调节范围是 20 m^3/s。通过叠梁门可以调节桥下上游水位。当调节水量超过 1 000 m^3/s 时,所有的门都将被移除,将被特殊设计的龙门起重机放在桥下。

马士河桥悬挂闸门见图 3-6-4。

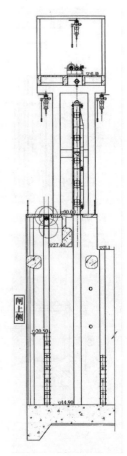

图 3-6-2 闸门检修位置图

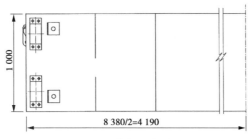

背水面立视图

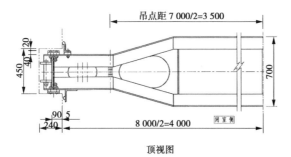

顶视图

图 3-6-3 闸门视图

图 3-6-4 马士河桥悬挂闸门

第四章　曲面闸门应用

曲面闸门包括弧形闸门、拱形闸门、圆管形闸门和扇形闸门等,其中以弧形闸门应用最多。近几年,拱形闸门得到了快速应用。

第一节　弧形闸门

弧形闸门包括弧形、反向弧形、下沉式弧形与立轴式弧形四种闸门结构形式,每种形式应用情况不一样。

一、山东潍坊峡山水库溢洪道弧形闸门

峡山水库是山东省第一大水库,位于潍坊市区东南 25 km 处,在潍河中游的昌邑、高密、诸城、安丘四县市交界处。水库于 1958 年 11 月动工兴建,于 1960 年建成。水库控制流域面积 4 210 km²,总库容 14.05 亿 m³,兴利库容 5.03 亿 m³。

水库枢纽工程由主坝、副坝、溢洪道(闸)、放水洞、水电站组成。溢洪道建在峡山与鞋山之间,溢洪闸始建于 1979 年,共 15 孔,单孔净宽 16.0 m,闸室长 26.0 m,闸底板高程 28.0 m。堰型为 a 型驼峰堰,堰高 0.83 m,堰顶高程为 28.83 m。闸门顶高程为 39.0 m,闸顶高程为 46.0 m。采用弧形闸门,ZS2 - 125 型卷扬式启闭机,闸门高度 10.17 m。峡山水库溢洪闸除险加固应急工程完成后,溢洪闸闸底板高程为 28.30 m,堰顶高程为 30.30 m,闸门高度为 8.10 m,闸门顶高程为 38.40 m,闸顶高程为 44.50 m;仍为弧形闸门。

溢洪闸门设计指标:

闸门形式:露顶式弧形闸门;溢洪闸孔数:15 孔;闸门尺寸:16.0 m × 8.10 m(宽 × 高);闸门底高程:30.3 m;闸门顶高程:38.4 m;挡水高度:7.6 m;启闭方式:ZS2 - 125 型卷扬式启闭机启闭。

图 4-1-1 为闸门过水时后视图,图 4-1-2 为水闸上游全景图。

二、济南卧虎山水库溢洪道弧形闸门

(一)工程概况

卧虎山水库位于历城区仲宫镇崔家庄附近的玉符河干流上,水库上游有锦绣川、锦阳川、锦云川三条支流汇入。坝址以上控制流域面积 557 km²,流域形状呈阔叶状。水库始建于 1958 年 9 月,后经改建、扩建、续建和除险加固、增容,达到现有规模。水库死水位 112.70 m,相应库容 329 万 m³;兴利水位 130.50 m,兴利库容 6 374 万 m³;校核洪水位 137.61 m,总库容 1.203 亿 m³。该水库是济南市唯一的大型水库。水库枢纽工程由大坝、溢洪道、放水洞三部分组成。大坝长 985 m,最大坝高 37 m,坝顶宽 13.5 m,坝顶高程

图 4-1-1　闸门过水时后视图

图 4-1-2　水闸上游全景图

139.5 m;溢洪道总长 463 m,闸室净宽 65 m,设 5 孔 13 m×12.2 m 的钢结构弧形闸门,最大泄量 7 212 m³/s;放水洞洞身长 479 m,管道直径 2 m,最大流量 10 m³/s。

（二）溢洪闸工作闸门及启闭设备

溢洪闸共 5 孔,每孔净宽 13.0 m。设工作闸门 5 扇,为露顶式弧形闸门,闸门高度 12.5 m。配 2×630 kN 的固定卷扬弧门启闭机 5 台,启闭机行程 14.0 m。检修闸门 1 套（共 5 节）,配 2×250 kN 的门式启闭机 1 台。

设计水头 12.16 m,对应支铰回转中心高度 8.167 m。闸门为实腹式双主梁焊接结构,支臂为斜支臂,门叶及支臂主体材料为 Q345B。闸门侧止水为 L 形橡皮,底止水为条形橡皮。

　　闸门正常挡水时门底高程 121.50 m,门顶高程 134.00 m。溢洪闸控制运用情况:溢洪闸正常挡水位 130.5 m。20 年一遇洪水控制泄量 800 m³/s,相应库水位 131.89 m,闸门部分开启(闸门开度 1.304 m);100 年一遇洪水控制泄量 1 300 m³/s,相应库水位 135.85 m,闸门部分开启(闸门开度 1.803 m);超过 100 年一遇洪水敞泄。

　　闸门结构图见图 4-1-3,闸门局部开启泄洪时照片见图 4-1-4。

图 4-1-3　闸门结构图

图 4-1-4　闸门局部开启泄洪时照片

三、刘家道口枢纽弧形闸门

　　刘家道口枢纽工程是沂河洪水东调的控制性工程,节制闸轴线位于沂河干流分沂入沭河口左岸裹头以下约 200 m,距临沂市约 20 km。工程内容包括刘家道口节制闸、分沂入沭彭家道口分洪闸、刘家道口放水洞、盛口放水洞、姜墩放水洞、盛口切滩、闸上堤防截渗、李公河防倒漾闸、李庄闸等。主要任务是通过彭家道口分洪闸分泄部分洪水,在沭河大官庄枢纽的配合下,经新沭河东调入海,腾出骆马湖及新沂河部分蓄洪和泄洪能力,更多地接纳南四湖南下洪水,提高沂沭泗河中下游地区的防洪标准,兼具蓄水、灌溉等综合效益。

枢纽工程规模为大(1)型,工程按50年一遇洪水设计,100年一遇洪水校核。50年一遇洪水水闸下泄流量12 000 m^3/s,100年一遇洪水水闸下泄流量14 000 m^3/s。

刘家道口节制闸单孔净宽16 m,闸室总净宽576 m,共36孔。闸底板高程52.36 m,闸门下设高0.5 m的小驼峰堰,堰顶高程52.86 m。设工作闸门和检修闸门各一道,工作闸门为钢质弧形闸门,尺寸为16 m×8.5 m(宽×高)。闸前设计蓄水位近期59.5 m,远期60.0 m。靠右岸4孔为排沙闸。闸室中墩厚2 m,底板为开敞式混凝土小底板。

节制闸门设计指标如下:闸门形式:露顶式弧形钢闸门;溢洪闸孔数:36孔;闸门尺寸:16.0 m×8.5 m(宽×高);闸室总净宽:576 m;启闭方式:液压启闭。

水闸俯视图见图4-1-5。

图4-1-5　水闸俯视图

第二节　拱形闸门

一、南京三汊河口双镜闸

(一)工程概况

三汊河口闸工程位于南京市秦淮河入江口段,新三汊河大桥下游约200 m处。其功能一是抬高外秦淮河水位,改善城市水环境和城市形象;二是通过非汛期过流改善秦淮河水质;三是在汛期视内外河水位差以及降雨情况,在允许条件下开闸泄洪;无航运功能。闸门门型采用护镜门,它是一种绕水平铰轴旋转的圆拱形闸门。水闸平行水流方向布置,采用双孔护镜钢闸门,共2孔,单孔净宽40 m,总净宽80 m,闸室总宽97 m,长37 m。三汉河口闸工程等级为二等。允许闸顶过流,正常蓄水时闸顶过流 30 m^3/s;非汛期闸顶过流 80 m^3/s;汛期开闸泄洪能力为 600 m^3/s。

(二)闸门总体布置与启闭

该闸设计采用双孔护镜闸门,单孔护镜闸门的净宽为 40 m,闸门高度在 4.50～5.65 m 范围内可调。护镜闸门的门叶在跨中分成左、右两片,左、右两片之间通过铰性结构连接成半圆形闸门门叶。护镜闸门两侧通过铰链连接后支承在边墩和中墩上,使整个护镜闸门成为三铰拱结构,拱轴线的圆弧半径为 22 m。

护镜闸门在挡水时处于水平状态,通过控制门上设置的活动小门的升降可以调节上游侧水位在 5.50～7.00 m 范围内变化,同时通过活动小门门顶的过流可形成人工景观瀑布。每孔护镜闸门设 6 扇活动小门。活动小门两侧支承在人行走道平台的立柱上,同时利用人行走道平台的立柱作为活动小门升降操作时的导向。

护镜闸门的卷扬式启闭机布置在排架顶部的机房内。卷扬机钢丝绳通过设置于圆弧形排架柱上的导向滑轮后与护镜闸门的吊耳相连。开启时,护镜闸门以两侧拱脚处的铰链的支铰轴为转动中心向上转动,在转动到达与水平方向的夹角为 60° 时停止并锁定。

活动小门的升降由液压启闭机操作。液压启闭机为倒挂式。液压启闭机的液压泵站设置在人行走道平台的下方、内河侧最高水位以上。

图 4-2-1 为闸门平面布置图,图 4-2-2 为闸室纵剖面图,图 4-2-3 为闸门全开位置图。图 4-2-4 为闸门挡河水时情况。

二、青岛市大沽河移风拦河闸

青岛市大沽河拦河闸坝工程新建、改建拦河闸坝共 9 座,自上游至下游依次为国道 309 拦河坝、早朝拦河闸、孙受拦河闸、许村拦河坝、庄头拦河坝、程家小里拦河闸、孙洲庄拦河闸、移风拦河闸(改建)、大坝拦河坝,分别采用环形闸、钢坝、充气、液压等国内外先进技术和挡水形式,移风闸是规模最大的一座。

移风拦河闸工程位于大沽河中心桩号 57+350 处,采用 9 孔护镜式拦河闸,闸门平面布置上呈半圆拱形,拱内圆圆弧内半径 13.3 m,拱外圆圆弧半径 14.9 m。由闸室段、铺盖段、消能防冲设施及两岸连接建筑物组成,顺水流方向总长 104.5 m,垂直水流方向总宽 285.8 m。

9 个半圆形护镜体,每个重量均在百吨以上,拦河闸总跨度 285 m,闸门高 5 m。拦河闸共 9 孔,单孔净宽 25 m,闸室宽 285.0 m,闸底高程 15.6 m,墩顶高程 20.6 m,中墩厚 7.6 m;门高 5.0 m,门顶高程 20.6 m,有效挡水高度 3.5 m,采用多孔护镜式钢闸门。正常蓄水位 19.1 m,50 年一遇设计洪水位 20.77 m,相应流量 3 380 m^3/s;100 年一遇洪水位 21.57 m,相应流量 4 120 m^3/s。采用盘香式卷扬机启闭。

图 4-2-5 为平面布置图,图 4-2-6 为纵剖面图。

三、广州市花地河上翻式拱形闸门

广州市荔湾区花地河水闸工程是广州市迎亚运河涌综合整治的重点工程之一,主要任务是景观蓄水、引清调水、挡潮排涝、通航及保证泄洪安全。工程泄水闸孔口宽 40 m、

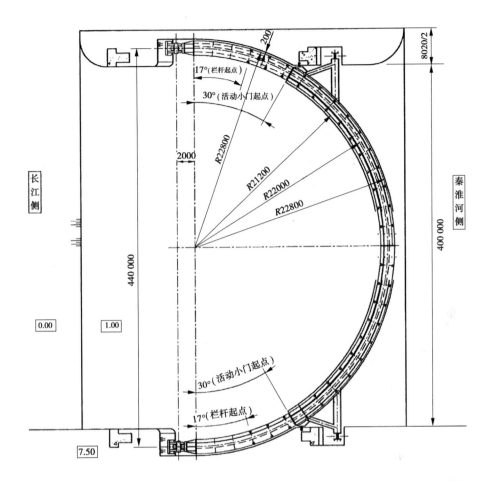

图 4-2-1 闸门平面布置图

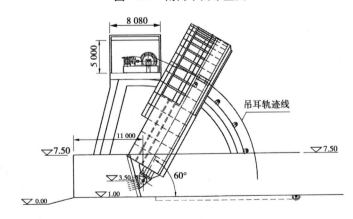

图 4-2-2 闸室纵剖面图

高 5.19 m,采用上翻式拱形闸门,该闸具有双向止水功能。闸门主要由门叶、支铰、侧轨、锁定装置、插装式侧水封和底止水组成。图 4-2-7 为拱形闸门结构示意图,图 4-2-8 为广州市花地河上翻式拱形闸门。

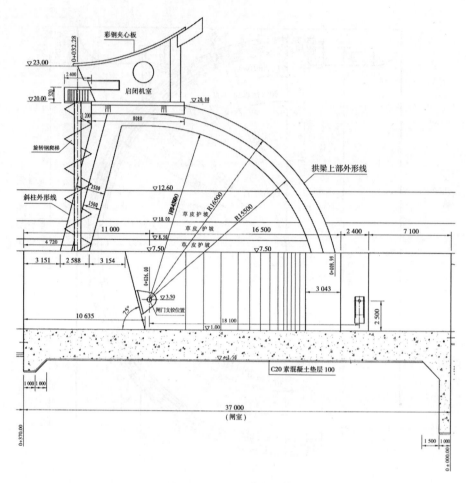

图 4-2-3　闸门全开位置图

图 4-2-4　闸门挡河水时情况

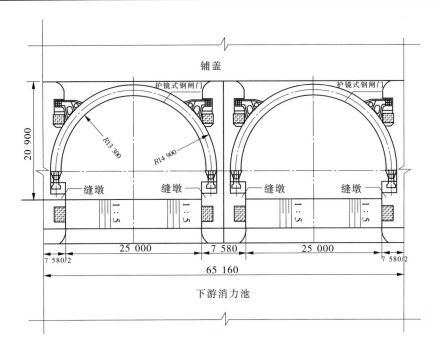

图 4-2-5　平面布置图

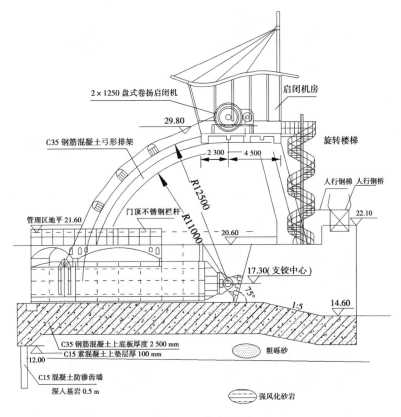

图 4-2-6　纵剖面图

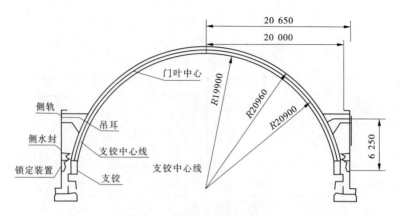

图 4-2-7　拱形闸门结构示意图

图 4-2-8　广州市花地河上翻式拱形闸门

四、日本大阪木津川单镜闸门

日本大阪木津川水闸采用拱形单镜闸门,门宽 57 m。图 4-2-9 为日本大阪木津川单镜闸门。

图 4-2-9　日本大阪木津川单镜闸门

五、荷兰下莱茵河海捷斯坦因闸（Hagestein Visor Gate）拉拱闸门

海捷斯坦因闸采用护镜式拉拱闸门，孔口尺寸为 48 m×7.55 m（宽×高），共 2 孔。闸门两侧拱脚插入闸墩，铰接在闸墩上，闸门由卷扬式启闭机启闭。闸门水平状态挡水，以铰轴为圆心向上转动拉起闸门过水和通航。操作时对称开启（相同开度）。为三铰圆拱，半径 26.35 m，每侧有 2.35 m 插入闸墩。门高 7.55 m，一顶一底两个梁，间距 6.4 m，梁高 1.8 m，面板厚 8 mm，底梁下面板厚 12 mm，底梁中心距门底 1.15 m。结构断面简单、薄壁，因而重量轻、制造方便、外观奇特、轻巧美观。闸门为单向挡水，布置成圆拱受拉，使材料所受拉力均匀，结构设计合理。

闸门的操作情况，当闸门（闸门中部）提升开度为 0.8～1.1 m 时，局部有板式振动；开度为 0.45～0.55 m 时，有轻微间隙性的振动，频率为 10～20 Hz。闸门底部面板厚 12 mm，估算其自振频率为 10～15 Hz。当某个开度出现振动时，将一门稍放底，另一门稍上提，振动消失。

这种闸门形式用于单向挡水，若用于双向挡水要面临面板失稳问题；闸门不能太高，否则易引起扭曲变形和振动，门铰的工作状况较差。

图 4-2-10、图 4-2-11、图 4-2-12 分别为开启照片（一）、开启照片（二）、闸门挡水照片。

图 4-2-10　开启照片（一）

图 4-2-11　开启照片(二)

图 4-2-12　闸门挡水照片

第三节　扇形闸门

一、英国伦敦泰晤士河扇形闸门(Thames Barrier)

泰晤士河水闸位于伦敦市中心以东约 10 km 的河段上,1975 年动工,1983 年 11 月建成。由 10 个高 20 m 的独立的可旋转升降的扇形钢闸门组成,全长 520 m,每个闸门均为中空结构,重约 3 700 t,能承受超过 9 000 t 的负荷。10 个闸孔中 4 孔为主航道,每孔净宽 61 m;南岸 2 孔为副航道,北岸 4 孔不通航,每孔净宽均为 31.5 m。

中墩厚 7～10 m,内部为空腔,其中安装闸门启闭机械。水闸底板为预制的空腔结构,两侧各有圆形交通廊道一条。通航孔道底板顶面有一道与闸轴线平行的凹槽,凹槽底面为圆弧面,其圆心轴线即闸门的转轴线。

闸门为扇形旋转闸门,圆筒的扇形部分作为闸门的挡水部分,两端为圆盘,圆盘中心为支承轴,支承轴固定在闸墩上,扇形闸门绕该轴旋转。圆筒直径为24.4 m,在两端的圆盘放置平衡重。闸的底部为庞大的基座,平时闸门沉在河底,当接到海上风暴警告时,30 min内,闸门旋转90°到直立位置用于挡潮;再旋转90°,闸门处于上部位置,露出水面以供检修。

闸门宽61 m、高20 m,挡水高度18 m,能挡10 m高的海潮。闸门的启闭设备采用摆梁连杆装置,用液压油缸活塞连杆驱动摆梁,然后通过与闸门销接的链杆来转动闸门,以便上升和下降。另外,还有一套锁定装置固定闸门,使闸门关闭有双重保险。

通航时,闸门的弧形面板滑入闸底板凹槽内,闸门里板与闸底板顶面齐平,使船只畅行,可允许河水和船舶经过;挡潮时,将闸门上转90°,使面板从凹槽中滑起,露出水面到竖直位置,闸门关闭大致需要75~90 min,完全关闭后可形成一个空的水库;必要的时候可通过控制闸门减少流向上游的水量,巨大的涡轮可以把水抽出河道,以调节水闸内外的水面高度;闸门还可再转动90°,使面板朝上、里板朝下,以便于检修。

该闸门形式结构新颖,是一大创举;但钢材用量和底部基座工程量大。

泰晤士河水闸的规划设计充分考虑了外形美观、不阻断河道、不妨碍通航的功能要求,且外形流畅、色彩美观,有悉尼歌剧院的风韵,在抵御洪水的同时,也成为了一道美丽的风景。

图4-3-1为工程图片。

图4-3-1　工程图片

二、Erbisti 扇形闸门

该扇形闸门由弯曲的外板和水密封的下游密封组成。扇形闸门由上游内侧水压保持开门状态。闸门由铰链每1.5~3 m连接下游区的基础。废弃物和冰可以在闸门上方漂过并且不会像溢流堰一样被堆积在上游区。扇形闸门的荷载传递到闸门下游基础,故闸门挡水长度可以设计得较长。扇形闸门不能用于控制不同水位。

图4-3-2为Erbisti扇形闸门剖面图及工程图片。

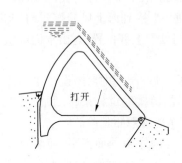

图 4-3-2　Erbisti 扇形闸门剖面图及工程图片

三、美国阿罗罗克坝鼓形闸门

阿罗罗克坝位于美国哥伦比亚河水系斯内克河支流博伊西(Boise)河上,在博伊西市以东 32.2 km 处。工程主要建筑物包括大坝、溢洪道和泄水建筑物。大坝为混凝土拱坝,最大坝高 106.7 m,水库总库容 3.53 亿 m^3。坝址以上控制流域面积 5 696 km^2,最大年均径流量 39.21 亿 m^3。入库设计洪水最大流量 2 040 m^3/s,可能最大洪水的洪峰流量 3 790 m^3/s。水库正常蓄水位 980.2 m。

侧渠式溢洪道位于右坝肩的花岗岩槽中,堰顶总长 113.4 m,高程 978.4 m。设有 6 扇长 18.9 m、高 1.83 m 的液压鼓形闸门。溢洪道斜槽全长约 243.8 m,梯形断面,混凝土衬砌。当水库达到最高蓄水位 981.4 m、鼓形闸门全部打开时,溢洪道总的设计泄洪能力为 1 130 m^3/s。

泄水建筑物位于坝体中,分 3 层,共有 25 个泄水孔,总泄洪能力为 765 m^3/s。

四、美国沙斯塔坝鼓形闸门

沙斯塔坝位于美国加利福尼亚州、萨克拉门托(Sacramento)河上,在雷丁(Redding)城以北 16 km 处。水库总库容 56.15 亿 m^3,总装机容量 53.9 万 kW。坝址以上控制流域面积 1 726 km^2,最大年径流量 133.17 亿 m^3,最大可能洪峰流量 17 630 m^3/s,水库有效库容 48.9 亿 m^3,水库面积 120 km^2。

大坝为拱形重力坝,最大高度 183.5 m,坝顶长 1 054.6 m,顶宽 12.6 m,坝底宽 269.1 m。坝的中心部分为直线段,长 100.6 m,布置溢洪道,两侧为曲线段,曲率半径为 762 m。下游面坡度为 1:0.8,上游面 720 m 高程以上直立,720 m 高程以下边坡 1:0.5。左岸为长 160 m、高 35 m 的土石坝。

溢洪道全长 114.3 m,为 3 孔闸,中墩宽 4.57 m,闸门为鼓形,宽 33.53 m,高 8.53 m。通过在鼓形闸门上增设弧形闸板,可增加水库蓄水高度 0.61 m。溢洪道最大泄量为 7 080 m^3/s,下游接一倾斜护坦消能。在溢洪坝段的坝体内设置 3 层共 18 条直径 2.6 m 的泄水管。

图 4-3-3 为该工程鼓形闸门工程图片。

图 4-3-3 鼓形闸门工程图片

第五章　组合型闸门应用

组合型闸门包括舌瓣闸门、气动盾形闸门以及双扉闸门。

第一节　舌瓣闸门应用

一、浙江分水江水利枢纽工程带舌瓣弧形闸门

（一）工程概况

分水江水利枢纽工程位于分水江干流中游河段,地处浙江桐庐县分水镇上游 2.50 km 的五里亭,属Ⅱ等大(2)型工程。枢纽为河床式电站布置形式,主要建筑物包括拦河坝、泄洪闸、发电厂及升压站等。

水库正常蓄水位 45.00 m,设计洪水位 50.48 m,校核洪水位 51.51 m,设有 9 孔宽 12 m 的表孔泄洪闸,堰顶高程 35.00 m。泄洪闸工作闸门采用弧形钢闸门,孔口尺寸为 12 m × 16.20 m(宽×高),闸门底坎高程 34.50 m。靠近机组进水口的 2 孔溢洪闸采用带舌瓣的弧形钢闸门。

（二）闸门技术参数

舌瓣门设置在弧形钢闸门顶部,其结构主要由弧形闸门、舌瓣闸门、偏心支铰、止水装置、操作舌瓣门的液压启闭机等构成。工作门处于关闭状态时,通过舌瓣门的启闭实现面流排漂。闸门技术参数如下:闸门形式:露顶式弧形舌瓣钢闸门;闸门尺寸:12 m × 16.2 m(宽×高);弧门面板曲率半径:19.0 m;弧门支铰高程:42.60 m;舌瓣门设计水头:2.36 m;舌瓣闸门尺寸:6.2 m×2.65 m(宽×高);舌瓣门吊点距:3.8 m;舌瓣门面板曲率半径:5.9 m;舌瓣门支铰高程:47.84 m;舌瓣门支承形式:悬臂式;工作门启闭机:QHLY－2×1 600 kN型液压启闭机;舌瓣门启闭机:QHLY2－250 kN 型液压启闭机;启闭方式:在动水中启闭。

闸门主视图见图 5-1-1,闸门俯视图见图 5-1-2。

二、福建官蟹航运枢纽左支泄水舌瓣闸门

（一）工程概况

官蟹航运枢纽位于福建省闽江支流沙溪河上,枢纽右岸为船闸,船闸左侧主河道上设有 7 孔右支泄水闸,每孔设一扇 12 m × 9 m(宽×高)、设计水头为 8.5 m 的露顶式平面定轮闸门,用 QPQ－2×630 kN 固定卷扬机操作,一门一机布置。枢纽左岸建有一座单机容量为 3.2 MW 的贯流机组 3 台。电站左侧设 2 孔左支泄水闸,与右支 7 孔泄水闸的布置、规格相同,但左支泄水闸采用了舌瓣闸门。

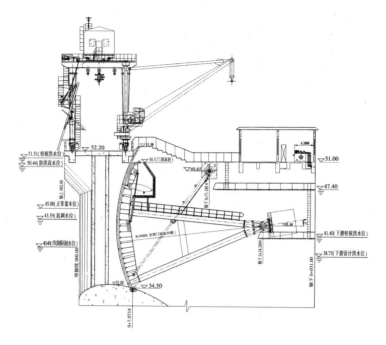

图 5-1-1　闸门主视图

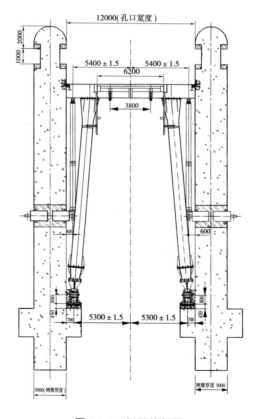

图 5-1-2　闸门俯视图

(二)舌瓣闸门结构与启闭

整扇平板定轮闸门分三节,中、下节各设四个支承轮,上节只设两个支承轮,轨道采用 QU120 起重机钢轨;下节门叶采用箱形梁结构。

闸门的中、下节门叶与普通闸门设计相同,舌瓣装置布置在上节门叶上。舌瓣的规格为 7.2 m×2 m-1.5 m(宽×高-水头)。舌瓣的操作和整扇闸门启闭为联动运行,即用同一个启闭机,既操作舌瓣又操作整扇闸门。舌瓣的最大启闭力远小于整扇闸门的启闭力。启门时,待舌瓣完全关闭后,才能再启动整扇闸门;闭门时,在整扇闸门关闭后,才能开启舌瓣。

根据舌瓣的操作和闸门启闭联动运行要求,增加了一套舌瓣的传动机构,启闭机的动滑轮组的吊轴连接在闸门吊耳的长腰圆孔上,通过连杆和曲柄使启闭机动滑轮组的直升运动变为扭轴的转动,扭轴和舌瓣的隔板焊接,变为舌瓣的转动,即可开闭舌瓣。

舌瓣闸门立面图见图 5-1-3,舌瓣传动机构图见图 5-1-4。

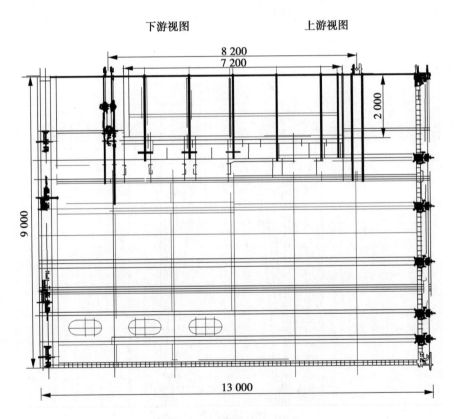

下游视图　　　　　　　上游视图

图 5-1-3　舌瓣闸门立面图

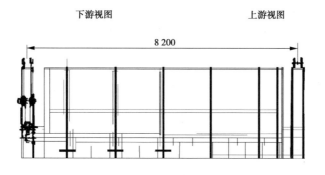

下游视图   上游视图

8 200

图 5-1-4   舌瓣传动机构图

第二节   气动盾形闸门应用

一、山东淄博孝妇河气动盾形闸门

(一)工程概况

淄博市孝妇河气动盾形闸门共有两处,分上、下游两座。气动盾形闸闸室宽均为100 m,上、下游闸门挡水高度分别为3.0 m、5.0 m,底板高程分别为37.75 m、33.5 m。

(二)气盾闸系统组成

气盾闸包括闸门系统和气动系统。闸门系统由门体、不锈钢埋件和气囊组成;气动系统由压缩空气站、阀件、传感器、管道及附件组成。

(1)门体。门体为钢构件,闸门靠自重和上游水压倒伏,倒伏后钢板覆盖气囊,门体靠气囊顶升,全升起时与水平面夹角呈65°左右。为防止下游侧水位较高时闸门向上游侧倾倒,门体设有强化型可折叠式安全抑制带。

(2)不锈钢埋件。充气气囊与支撑结构的连接是气动闸门的核心技术,主要是通过预埋件与基础连接为一体。根部角钢、主锚定螺栓、楔部角钢等固定在河床基础上,调整到位后浇筑混凝土。

(3)气囊。气盾闸门的气囊由内、中、外三层组合而成,内层为聚酯纤维强化合成橡胶,中层为单体合成橡胶,外层为抗臭氧及紫外线的混合物橡胶。囊袋采用进口高分子材料制成,采用整体硫化工艺,实现高强度无缝对接。其脆性温度小于-65 ℃,防热耐老化大于100 ℃。

下游气盾闸门的最大挡水高度为5 m,溢流高度为0.3 m,双气袋宽为4.0 m,升起角度约为52°。气囊满负荷挡水工作时压力为0.2 MPa。

闸门门体采用Q345B碳钢,热喷锌加封漆进行防腐处理;闸门标准单元宽度为2.5 m,将4个标准闸门刚性连接为1跨,单跨宽10 m,共10跨,跨间采用聚酯纤维布。

闸门止水:强化钢板两侧设有螺栓孔,两侧闸墩内预埋有止水坐板,相邻钢板间通过安装橡皮板实现止水,两侧止水通过预压实现。气动盾形闸门分区控制,门体分区处采用P型橡皮止水,靠水压形成密封;不分区处采用条形橡皮,依靠压板压紧在面板上。两端侧向止水为 P 型止水,与闸墩板形成密封。水封材质选用聚酯强化橡胶。

图 5-2-1、图 5-2-2 分别为上游气盾闸平面图、剖面图,图 5-2-3 为上游气盾闸工程图片。

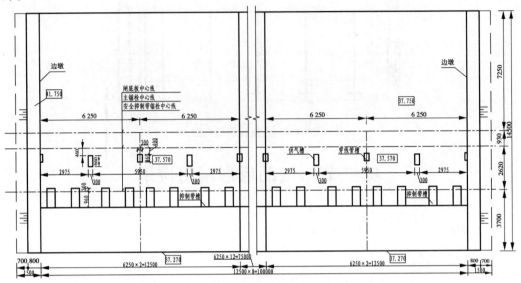

图 5-2-1　上游气盾闸平面图

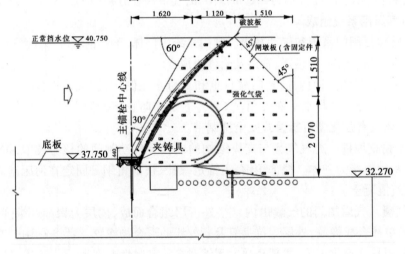

图 5-2-2　上游气盾闸剖面图

二、北京市房山区几座气盾闸

房山区在拒马河、南泉水河、大石河以及马刨泉河治理工程中,新建了多座气盾坝,盾板及气囊锚固结构示意图见图 5-2-4,各气盾闸概况分述如下。

(一)拒马河气盾闸

拒马河是大清河流域北支白沟河的支流。北与永定河的桑干河流域相邻,西与唐河流域、南与中易水流域相接。呈北高南低的地势。河流发源于河北省涞源县,在十渡镇进

图5-2-3　上游气盾闸工程图片

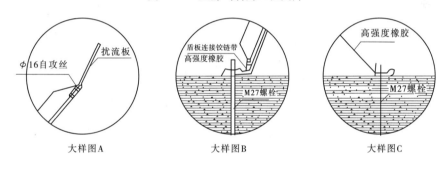

图5-2-4　盾板及气囊锚固结构示意图

入北京市境内,流经北京市房山区西南边境,是北京市的过境河流和边缘水系。目前,拒马河上共有四座气盾闸,分别位于拒马河六渡、七渡、十渡、十二渡。

1. 六渡气盾闸

六渡气盾闸位于十渡镇拒马河六渡,由原六渡橡胶坝改建,于2013年完工。坝长118 m,坝高1.8 m。坝体包括钢筋混凝土铺盖段、坝体段、消力池段、海漫段,均为原橡胶坝结构。

图5-2-5为设计横断面图,图5-2-6为六渡气盾闸溢流时的照片。

2. 七渡气盾闸

七渡气盾闸位于十渡镇拒马河七渡龙锐旅游度假山庄东侧,于2015年完工,坝长120 m,坝高1.8 m。坝体分两跨,每跨净宽60 m。图5-2-7为七渡气盾闸溢流时照片。

3. 十渡气盾闸

十渡气盾闸位于十渡镇拒马河十渡风景区,由原十渡橡胶坝改建,于2013年完工。主坝坝长80 m,坝高1.8 m,坝体分两跨,每跨净宽40 m;副坝设计坝长3 m,坝高2.3 m。

图5-2-8为十渡气盾闸溢流时照片。

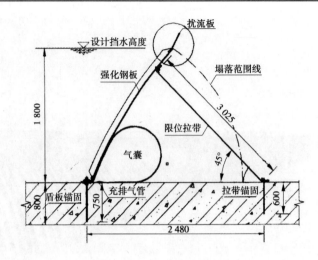

图 5-2-5　设计横断面图

图 5-2-6　六渡气盾闸溢流时照片

4. 十二渡气盾闸

十二渡气盾闸位于十渡镇拒马河十二渡仙龙岛风景区东侧,又名仙龙岛气盾坝,于 2016 年完工。坝长 60 m,坝高 2.5 m,坝轴线与河道中心线夹角为 90°。

图 5-2-9 为十二渡气盾闸溢流时照片。

(二)南泉水河气盾闸

南泉水河是拒马河的二级支流,自西北向东南流经大石窝镇、长沟镇,后经河北省于张村南汇入北拒马河。南泉水河上共建有四座气盾闸,分别为云居寺气盾闸、独树气盾闸、双磨气盾闸、北良各庄气盾闸。其中,云居寺气盾闸位于大石窝镇云居寺橡胶坝东侧,于 2014 年完工,坝长 17 m,坝高 2.5 m;独树气盾闸位于大石窝镇独树村,坝长 70 m,坝高 2.5 m;双磨气盾闸位于大石窝镇双磨村,坝长 64 m,坝高 2.0 m;北良各庄气盾闸位于长

图 5-2-7 七渡气盾闸溢流时照片

图 5-2-8 十渡气盾闸溢流时照片

沟镇北良各庄村,坝长 70 m,坝高 2.0 m。

(三)大石河檀木港村气盾闸

大石河是海河流域大清河水系北拒马河支流。大石河上共建有 3 座气盾闸,分别位于河北镇檀木港村、河北镇河东村、琉璃河镇湿地公园内。

檀木港村气盾闸位于河北镇檀木港村,于 2015 年完工,坝长 48 m,坝高 1.5 m。

图 5-2-10 为檀木港村气盾闸工程照片。

(四)马刨泉河气盾闸

马刨泉河属大石河水系,是周口店河的支流之一。马刨泉河气盾闸位于周支铁路桥上游 100 m 处,于 2015 年完工,坝长 20 m,设计挡水高度 2.2 m。

图 5-2-9　十二渡气盾闸溢流时照片

图 5-2-10　檀木港村气盾闸工程照片

图 5-2-11 为马刨泉河气盾闸工程照片。

三、贵阳市南明河气盾闸

贵阳市南明河综合治理工程 1～4 号坝,其挡水建筑物形式均为气动盾式液压翻板闸。南明河气动闸门宽 60 m,高 8 m,其核心部件的材料为美国专利技术,美国 OHI 公司项目经理现场指导。目前,在欧洲等国利用该技术安装的闸门最高水头也只有 5～6 m,而南明河的气动闸门跨度之大、水头之高是目前世界上还未安装过的,该闸门是目前世界上最大的气动盾式闸门。

图 5-2-12 为南明河气盾闸工程照片。

图 5-2-11　马刨泉河气盾闸工程照片

图 5-2-12　南明河气盾闸工程照片

第三节　双扉闸门应用

一、山东南四湖岗头河闸平面双扉闸门

(一)双扉闸门结构

双扉闸门结构由上、下节闸门组成,正常挡水时,上、下节闸门置于门槽内,闸门启升时,启闭机启动下节闸门,并带动上节闸门共同上升至设置高度。上、下节闸门门体材料均为 Q235,门叶采用双主梁等高连接,上、下节闸门均为滚轮支承。水封为前止水形式,侧水封为 P 型,下节闸门底水封为板型。门槽主轨采用起重钢轨,反轨采用工字钢,止水坐板采用不锈钢坐板。双扉式平面钢闸门主要参数如下:闸门形式:10.0×7.5－6.99 m 双扉式钢闸门;孔口宽度:10.0 m;闸门高度:7.50 m;设计水头:6.99 m;支承形式:悬臂滚轮;止水形式:前封水;操作方式:在动水中启闭;数量:1 孔。

（二）双扉闸门启闭机

选用固定卷扬式启闭机,启闭机具有对闸门启闭高度的现场显示及远传数字显示和自动控制功能,并能预定闸门开启上、下限和开度值,越限声光报警。启闭机设有大齿轮锁定装置及手摇机构。手摇机构安装手、电动闭锁开关,其主要参数如下:启闭机型号:2×250 kN 卷扬式启闭机;启闭机容量:2×250 kN;扬程:9.5 m;吊点距:9.0 m;数量:1 台。

图 5-3-1、图 5-3-2 分别为南四湖岗头河双扉闸门开启后立面视图、后侧视图。

图 5-3-1　南四湖岗头河双扉闸门开启后立面视图

二、安徽临淮岗城西湖船闸加固工程双扉式平面滑动钢闸门

（一）工程概况

城西湖船闸位于安徽省霍邱县,为临淮岗洪水控制工程枢纽建筑物的重要组成部分。工程兴建后,城西湖船闸为湖区丰河水系与淮河连通的航运水道,利用原船闸改造而成,位于新建临淮岗船闸南侧,船闸按Ⅵ级航道设计。船闸下闸首坐落在主坝上,建筑物等级为Ⅰ级。闸首净宽 8 m,闸室长 80 m。上、下闸首工作闸门、输水洞工作闸门担负着关闭闸室或开敞水道的通航任务,以及对城西湖的防洪任务。

闸门在静水中启闭,闸首净宽 8 m,闸室底槛高程 14.90 m,检修平台高程 32.00 m,启闭机平台高程 42.50 m。

（二）闸门布置

下扉闸门为潜孔式平面滑动钢闸门。门叶为实腹式变截面主横梁焊接构件。跨中梁

图 5-3-2　南四湖岗头河双扉闸门开启后侧视图

高 0.85 m,支端梁高 0.50 m。闸门双向主支承各采用 4 块钢基塑滑块,闸门侧向限位采用铸钢滚轮;门槽尺寸为 0.67 m×0.37 m(宽×深),正、反向轨道焊接 1Cr18Ni9 不锈钢轨头和不锈钢止水坐板。下扉闸门门叶尺寸为 8.70 m×8.60 m(宽×高),采用双吊点,吊点距 7.60 m;选用 QPQ-2×160 kN-17.5 m 型卷扬式启闭机,行程 17.50 m。

上扉闸门为露顶式平面滑动钢闸门。门叶为实腹式变截面主横梁焊接构件,设 4 道主梁。主梁跨中梁高 0.70 m,支端、顶梁梁高 0.40 m;闸门侧止水、支承、限位布置与下扉门相同;门叶底部布置有悬臂式止水座;门槽尺寸为 0.57 m×0.37 m(宽×深);正、反向轨道布置与下扉门相同;上扉闸门门叶尺寸为 8.70 m×6.80 m(宽×高),采用双吊点,选用 QPQ-2×100 kN-9.5 m 卷扬式启闭机。

(三)运行控制

(1)双扉闸门在门槽 32.00 m 高程处设置一道集成式液压锁定梁。闸门提起后按中控室指令自动封堵门槽。

(2)城西湖船闸位于临淮岗洪水控制工程主坝上,非汛期当淮河水位低于 23.00 m 时,上扉闸门锁定,由下扉闸门承担通航任务;主汛期淮河水位高于 23.00 m 时,双扉闸门同时投入运行。

闸门立面及侧视图见图 5-3-3,闸门控制启闭示意图见图 5-3-4。

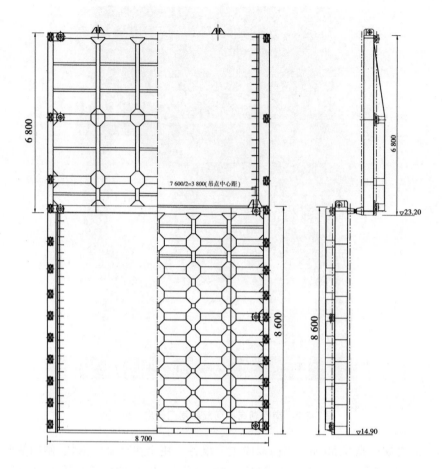

图 5-3-3　闸门立面及侧视图

三、泰国巴帕南水闸工程双扉闸门

（一）工程概况与布置

巴帕南水闸工程位于泰王国南部马来半岛上的洛坤府巴帕南县境内,临近入海口。其作用是防止海水倒灌、保持上游水位、小流量调节水位和泄洪,以利于农业生产和防洪,便于船只通航。工程内容包括在引河上修建 1 座 10 孔 ×20 m 的水闸、在左岸修建宽 6 m 的船闸。其中,水闸左右两个边孔共设置 4 套双扉闸门,中间 6 孔共设置 6 套单扉闸门;在下游侧配备 1 孔叠梁闸门。闸室左右两侧各设宽 7.5 m 的鱼道和鱼梯,各设 1 套闸门;船闸包括在上、下闸首 2 套人字门以及开启桥。

双扉闸门孔口尺寸为 20 m ×9 m(宽 ×高);底坎高程 -7.0 m;上游水位最高 1.75 m,最低 -1.65 m;下游水位最高 1.44 m,最低 -1.23 m;闸门形式为平面定轮闸门,支承跨度 20.6 m;上扉闸门门顶最高溢流水头 1.8 m;下扉闸门水封跨度 20.2 m;上扉闸门水封跨度 19.3 m;双扉闸门水封高度 9.0 m,启闭速度 0.3 m/min。

(二)双扉闸门门叶结构

双扉闸门在泄洪时下扉闸门为淹没出流,小流量调节时上扉闸门为门顶溢流。为改善闸门在泄洪及小流量调节时的水力条件,减少水流对门体的不良影响,增加闸门刚度和防止污物进入闸门内部,下扉闸门门叶和上扉闸门门叶均设计成薄壳结构。

下扉闸门左右两侧各设置 4 套主轮,上扉闸门左右两侧各设置 2 套主轮,轮径为 800 mm,轮轴为偏心轴,轴承选用自润滑球面滑动轴承。上、下扉闸门边柱两侧各设置 2 套侧轮。

在下扉闸门底部布置 3 列排水孔,以利闸门在泄洪时减小底部面板的负压。为使闸门开启时内部空腔的水能够及时排出而在关闭闸门时水能够及时地进入闸门内部,从而避免闸门内部空腔产生负压,在上扉闸门下游面板的顶部以及下扉闸门下游面板的顶部设置有一定面积的通气孔,在上扉闸门的下部面板和下扉闸门上、下节之间的腹板上也开设有排水孔。

图 5-3-5 为闸门门叶界面示意图,图 5-3-6 为上扉闸门工作状态示意图。

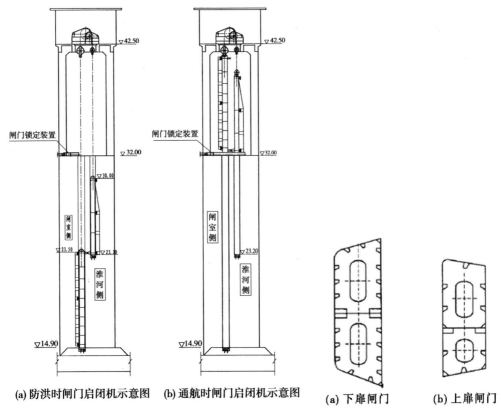

(a) 防洪时闸门启闭机示意图　　(b) 通航时闸门启闭机示意图　　　(a) 下扉闸门　　(b) 上扉闸门

图 5-3-4　闸门控制启闭示意图　　　　　　　　图 5-3-5　闸门门叶界面示意图

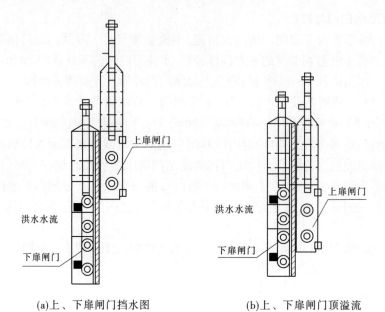

(a)上、下扉闸门挡水图　　　　　　　(b)上、下扉闸门顶溢流

图 5-3-6　闸门工作状态示意图

第六章　国内外挡潮闸

第一节　国外挡潮闸

一、荷兰三角洲(Delta Project)挡潮闸

荷兰三角洲挡潮闸工程(Delta Storm Surge Barriers Project in the Nether-lands)是由堤防闸坝组成的庞大防潮抗洪系统,是迄今为止世界上最大的防潮工程。荷兰位于西欧,濒临北海,全境地势低洼,河流纵横,渠道交错,堤坝密布,全国面积近 5 万 km^2,其中有1/4位于海拔 1 m 以下,长期以来,荷兰人民与海潮、水患斗争,依靠修筑堤坝保护其生存和发展。如果没有这些防潮堤坝,当大海潮来临时,约一半陆地将落入水下。三角洲地区位于莱茵河、马斯河和斯海尔德河的入海口,地处荷兰的西南部,人口稠密,面积达 4 000 km^2,大部分土地低于海平面。因为该地区的灾害主要来自北海,以前的治理方法是筑堤防潮。1953 年 2 月 1 日夜晚,从北海西北方向袭来的一场大风暴,造成 1 835 人丧生,7.2 万人被疏散,3 000 座房屋被毁,100 多 km 的海堤受损。上述事件促使荷兰政府实施三角洲工程,在 3 个入海口及各条入海水道之间修筑了一系列设有水闸、船闸的堤坝,大大提高了整个三角洲地区的防潮抗洪能力;包括布劳沃斯(Brouwers)闸坝,哈灵水道(Haringvliet)闸坝,费尔什(Veerche)坝,东斯海尔德(East Scheldt)坝和挡潮闸,荷兰艾瑟尔(Hollandsch Ijssel)挡潮闸,沃尔克拉克(Volkerak)闸坝,赫雷弗灵恩水道(Grevelingen)闸坝,赞德克里克(Zandkreek)闸坝,菲利浦(Philips)闸坝,牡蛎(Oyster)闸坝及马斯兰特新水道(Maeslantkering)挡潮闸坝等 15 项闸、坝工程。这些工程形式各异,有常规挡潮闸门,也有浮体、可移动闸门等,所有闸门均实现自动化控制。其中,哈灵水道挡潮闸、东斯海尔德挡潮闸及马斯兰特新水道挡潮闸最令世人瞩目。荷兰三角洲工程使防潮堤线缩短了 700多 km,提高了防潮安全保障和标准;可有效控制和管理三角洲水道,防止咸水入侵,改善了水质和减少了泥沙淤积,能更合理地利用水资源,更好地保护生态环境。

荷兰三角洲工程挡潮闸位置见图 6-1-1,表 6-1-1 为荷兰三角洲工程特性表。这里介绍其中的哈灵水道、东斯海尔德和马斯兰特三座挡潮闸。

(一)哈灵水道(Haringvliet)闸坝

哈灵水道闸坝位于哈林水道河口拦海大坝南端,由泄水闸和船闸组成,于 1971 年建成。闸坝处口门宽 4.5 km,坝长 3.5 km,泄水闸长 1 km,共设 17 孔,每孔宽 5 m,每孔设两道弧形闸门,一道在靠海一侧,一道在靠水道一侧。低潮位时闸门打开将水泄入大海,涨潮时将闸门关闭以防潮水入侵。遇风暴时将两侧闸门都关闭与坝体形成一道封闭的墙体,以抵御海潮袭击。该挡潮闸是三角洲北部的主要水利控制设施。当莱茵河上游来水

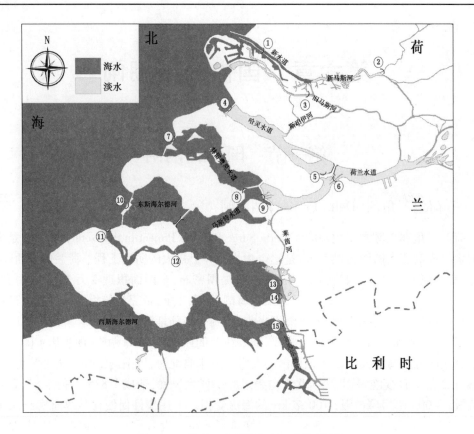

图 6-1-1　荷兰三角洲挡潮闸工程位置图

表 6-1-1　荷兰三角洲工程特性表

序号	名称 （Project）	开/完工 时间（年）	形式	河道 （Watercourse）	工程位置 （Place）
1	马斯兰特 Maeslantkering	1988/1997	挡潮闸	Nieuwe Waterweg （Rhine）	Downstream Rotterdam South Holland
2	荷兰艾瑟尔 Hollandse IJssel	1954/1958	挡潮闸	Hollandse IJssel （river）	South Holland near Krimpen aan den IJssel
3	哈特尔 Hartelkering	1991/1997	挡潮闸	Hartelkanaal	Near Spijkenisse, South Holland
4	哈灵水道 Haringvlietdam	1958/1971	闸坝	Haringvliet（Rhine and Meuse（river））	Between Voorne-Putten and Goeree-Overflakkee
5	海勒格斯 hellegatsdam		闸坝	Grevelingenmeer	

续表6-1-1

序号	名称 （Project）	开/完工 时间(年)	形式	河道 （Watercourse）	工程位置 （Place）
6	沃尔克拉克 Volkerakdam	1957/1969	闸坝	Volkerak, Hollands Diep Meuse and Oosterschelde	Between South Holland and Zeeland
7	布劳沃斯 Brouwersdam	1964/1971	闸坝	Grevelingenmeer	Between Goeree-Overflakkee and Schouwen-Duiveland
8	赫雷弗灵恩 Grevelingendam	1958/1965	闸坝	Grevelingenmeer	Between Tholen and Schouwen-Duiveland
9	菲利浦 Philipsdam	1976/1987	闸坝	Oosterschelde	Between Grevelingendam and Sint Philipsland
10	东斯海尔德 Oosterscheldekering	1960/1986	挡潮闸	Oosterschelde	Between Schouwen-Duiveland and Noord-Beveland
11	韦尔斯加特 Veerse Gatdam	1960/1961	闸坝	Veerse Gat （Oosterschelde）	Between Noord-Beveland and Zuid-Beveland on the west
12	赞德克里克 Zandkreekdam	1959/1960	闸坝	Zandkreek, Veerse Gat （Oosterschelde）	Between Noord-Beveland and Zuid-Beveland on the east
13	牡蛎 Oesterdam	1979/1987	闸坝	Oosterschelde, Scheldt-Rhine Canal	Between Tholen and Zuid-Beveland
14	马切扎斯卡德 Markiezaatskade	1980/1983	闸坝	Scheldt-Rhine Canal, Markiezaatsmeer	Between Zuid-Beveland and Molenplaat
15	达斯普西易斯 Bathse spuisluis	1980/1987	水闸	Volkerak, Markiezaatsmeer, Oosterschelde	Bath, Zeeland

　　流量降到 1 700 m³/s 时,关闭闸门使河水经鹿特丹新水道泄出,这样既保证有足够的流量防止海水入侵,又可以防止西北部地区产生盐碱化,且可保障中西部地区的饮用水和灌溉用水。当莱茵河上游流量超过 1 700 m³/s 时,闸门开始逐渐开启,且其开度随上游来水量的加大而增大。当流量达到 6 000 m³/s 时,在低潮位时闸门则全开,以防北部地区的水位抬高而泛滥,同时可防止鹿特丹水道因有过多水量通过而使其内水流速加大,造成航运困难和危险。该闸是一座兼有防潮、防洪、供水、航运等综合效益的重要水利枢纽,也是对水资源实现统一使用调度管理的成功范例。

　　图 6-1-2 为哈灵水道闸坝及弧形闸门。

(a) 哈灵水道闸坝　　　　　　　　　　　　　　(b) 弧形闸门

图6-1-2　哈灵水道闸坝及弧形闸门

(二)东斯海尔德(Eastern Scheltd)平板门挡潮闸

该闸坝横跨东斯海尔德河,是一座挡潮坝。河口宽 8 500 m,为了既能保持原有自然生态环境,又能保证人民生命安全,采用开敞式挡潮闸:即平时闸孔敞开,风暴时将闸门关闭挡潮。东斯海尔德河道设计修建一段挡潮闸坝和两段辅助堤坝,河口被小岛分居 3 个口门,宽度分别为 180、1 200 m 和 2 500 m,最大深度 45 m,大坝全长 9 km。三个挡潮闸共长 2 800 m,共设 63 孔,每孔宽 45 m。挡潮闸建在 3 个潮汐河道上,由 65 个混凝土预制墩组成,中间安装 62 孔可滑动钢闸门,通过开启钢闸门,让潮差至少维持原有的 3/4 水平,充分保证东斯海尔德河道内的自然环境。

挡潮闸连同两岸海堤全长 4 425 m。采用预制钢筋混凝土闸墩,62 孔闸门(两边孔无门,用堆石体挡潮),每孔宽 43 m。闸门采用液压启闭,并配备有自动控制操作及监测系统。

全闸共 62 孔,采用平面闸门,宽 43 m,高 5.9 ~ 11.9 m,最大面积 511.7 m^2,为当时的世界之冠。这些闸门平时提起,当预报可能发生灾害性海潮时才将闸门关闭。

闸墩建造在海滩砂基上,软基处理采用了基础加固与保护技术,即水下换基,振捣密实,铺设特制的软体垫。先把海底的粉细砂置换成细砂,为了进一步提高海床承载力和防止闸墩沉降,闸墩周围 80 m 范围内采用 Mytilus 号船来进行压密工作。该船是一个专门设计、修建的振冲平台,巨大的振冲钻头将 6 m×25 m 区域内 18 m 厚的天然地基振冲密实。软体垫外层由土工织物及钢丝加固,内分三层,为砂、小卵石及卵石,中间用土工织物隔开。在工厂预制,可卷在一个大滚筒上,便于运至现场铺设。此外,上、下游护坦的防冲加固还采用了混凝土块加重防冲垫、石块中填沥青构成的护坦以及石块加重沥青板等软体垫。以上软基处理均在水中进行,对增强地基承载力、控制沉陷变位、防止冲刷都很成功。

东斯海尔德平板门挡潮闸见图6-1-3。

(三)马斯兰特浮体挡潮闸门

1. 工程布置与结构

马斯兰特浮体挡潮闸横卧在宽 360 m、深 17 m 的新水道上,由两个庞大的支臂组成,在支臂顶端各装有一扇高 22 m、内设压载水箱的空腹式弧形闸门。两支臂与固定在河道两端的两个各重 600 t 的球形联轴节相连,并以其为中心转动。当两支臂在河心合龙时,

图 6-1-3　东斯海尔德平板门挡潮闸

即可将河道封闭,将海潮阻挡在闸门以外。该闸闸体平时停靠在河道两岸的泊坞内,需要关闭时随着其支臂的合龙,先将闸体浮移主河道就位,然后向其内压载水箱充水,使其沉至建造在河床上的闸门底槛上。开闸时,先将闸体内的水排出,使其浮起,然后随着其支臂的移动再将其浮移回原停靠位置。该闸可抵御高达 70 000 t 的潮水冲击力,即相当于可抵御万年一遇风暴潮的袭击。

每扇闸门高 22 m、长 210 m,分 15 个分隔舱。当闸门需要下沉时,往分隔仓里面注水;只有一个分隔舱保持干燥。

桁架:负责将施加给闸门的荷载传递到球形接头上,两组桁架各长 237 m,每个桁架由 3 根巨型钢管组成。底部钢管直径 1.8 m,壁厚 6 cm。

闸门底座:由 64 个巨型混凝土基础块组成,每个基础块重 630 t。这些基础块安置在由多层砂、石垫层组成的河床上。

球形接头:每个球形接头重 680 t。具有一钢板中心,上面连接扁球体铸钢部件。球体在 8 个凹形部件内转动,这些凹形部件与混凝土基础连接。球形接头直径为 10 m,精度达 2 mm,球形接头可在 3 个方向转动。

球形接头基础:作用于闸门上的荷载通过桁架、球形接头最终传递到球形接头基础上。该基础为一巨型三角形混凝土整体,混凝土与地面之间的摩擦力可提供足够的阻力。当发生特大洪水时,在关闭闸门期间,球形接头也许会后移,但随后将恢复原来位置。

2. 启闭方式

挡潮闸的闸门由设置在闸门顶部的自动推进器操作。自动推进器有 6 个齿轴,由齿轮传动装置带动。每个自动推进器与岸上 30 m 高的导向塔之间通过一伸缩杆连接,自动推进器的相对位置不变,与闸门一起仅做垂直方向运动。

水位正常时,两只支臂张开,其顶端的闸门分别停放在两岸泊槽里,这时船只可以自由进出鹿特丹港;当大潮来临时,海水淹过闸槽,闸门也浮起、关闭。整个过程历时约 1.5 h。

在启闭过程中均为浮运,在关闭过程中,将闸门浮起并推进至河道中央,开启空心闸门的隔间阀门进水,将闸门下沉至距底板 1.0 m 处,让闸门下的高速水流冲刷底板沉积物,再将闸门平稳沉放至被急流冲清的底板上;闸门开启时将闸门内水抽出,闸门上浮,并由自动推进器推动返回闸坞。

图 6-1-4 为马斯兰特浮体挡潮闸实景。

图 6-1-4　马斯兰特浮体挡潮闸实景

二、俄罗斯圣彼德堡涅瓦河口挡潮闸

圣彼德堡位于涅瓦河口三角洲,圣彼德堡挡潮闸工程体系总长 25.4 km,防潮水位 5 m。由一个通航主闸门、一个通航副闸门和 6 座挡潮闸坝组成。分析确定,共有 6 座挡潮闸。

挡潮闸段由不同的组件构成,总宽度 27.0 m,闸室宽度 24.0 m。6 车道公路桥位于闸段靠近涅瓦河的一侧。挡潮水闸采用闸门、门框结构,单门宽 24 m 两侧闸墩在其顶部通过具有防波构造的支撑梁和过梁相连。弧形闸门位于支撑梁和过梁之间,启闭设备为 2 台安装在框架上的液压启闭机,框架与支撑梁和过梁相互连接。

闸室平面视图见图 6-1-5,闸门实景见图 6-1-6。

图6-1-5　闸室平面视图

图6-1-6　闸门实景图

三、日本沼津港大型展望水门

静冈县沼津市内港与外港航路上的大型展望水门"Byuo"是日本最大的水闸,也是沼津市著名的观光地标。沼津市的沼津港分内港与外港两个部分,在内港与外港之间的航路上兴建了一座高达45 m的巨大水闸。水闸闸门高9.5 m、宽40 m,重达406 t,是日本最大的水闸,通常固定在距离满潮海面15 m高的位置。水闸的自动控制系统与地震仪相连,如果感觉到烈度6度弱以上的地震,能在5 min时间内迅速落下,将海啸阻拦在外港。

闸门开启视图见图6-1-7。

图 6-1-7　闸门开启视图

第二节　国内挡潮闸

一、上海苏州河河口挡潮闸

上海苏州河河口水闸工程位于金山路苏州河河口,具有双向挡水功能。闸门单跨度100 m,采用大型液压卧倒式翻板闸门结构,也称活动坝;它是我国跨度最大的大型挡潮结构。根据黄浦江潮位变化及内河水位调控要求,水闸需要承担最大高潮位 6.26 m、内河2.8 m 水位的反向挡潮,以及最低潮位(0.24 m)下内河正常水位 3.5 m 时正向挡水两种基本工况的操作运行,以保证苏州河正常的观光效果。水闸门叶与底轴刚性连接,并将底轴上的轴承座与基础固结,布置在两岸的液压启闭机通过联轮带动底轴旋转从而实现水闸的启闭操作。

水闸净宽 100 m,高9.76m,底轴直径 2 m,翻板闸门门叶采用纵向悬臂梁结构,由底轴旋转直接驱动,使闸门孔口的宽度不再受梁高的制约。闸门平时横躺在水下,就像是一块伏在水底的大型铰链,可以从 0~90°向东侧任意翻转并固定;当潮汛来临需控制苏州河水位时,可以通过自动装置将它翻立于水中。

闸门采用4缸液压启闭机操作。该闸具备双向挡水和通航的功能,景观效果良好。挡潮闸可防御黄浦江苏州河口千年一遇高潮位,具有双向挡水、启闭灵活、施工期不断航等特点。

图 6-2-1 为闸室结构图。

二、浙江曹娥江双拱钢管结构闸门

曹娥江水闸位于曹娥江河口、钱塘江畔,被誉为“中国河口第一水闸”。挡潮泄洪闸总净宽 560 m,闸底板高程 -0.5 m,共设 28 孔,闸孔净宽采用 20.0 m。28 孔闸分 6 厢布置,厢与厢之间用分隔墩隔开,分隔墩宽 5 m,为钢筋混凝土空箱式结构。挡潮闸垂直水

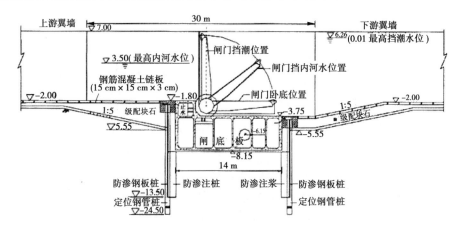

图 6-2-1　闸室结构图

流方向总长 697 m,顺水流方向长 502.5 m。闸室为整体式结构,闸底板厚 2.5 m,闸底板顶面高程 −0.5 m,闸墩厚 4 m,中间分缝,胸墙底高程 4.5 m,顶高程 12.5 m;闸上设交通桥,桥宽 8.0 m,为空箱式结构,空箱内布置电气设备和启闭机油压设备及管道。闸室两侧翼墙为空箱式和扶壁式结构,顺水流方向总长 96.5 m。

曹娥江挡潮泄洪闸门采用双拱钢管结构,挡潮闸共设 26 孔工作闸门,单孔孔口尺寸为 20 m×5 m,采用潜孔式平面滑动闸门。闸门承受内江的风浪和静水压力、外江的涌潮冲击和淤泥压力,主要控制荷载为钱塘江特有的强涌潮冲击。

闸门采用一种新型钢管结构闸门,即双拱钢管结构闸门。双拱钢管结构闸门采用了正交正放桁架体系。主要受力方向布置多榀双拱桁架,双拱桁架主要由正拱、反拱和弦杆组成,其轴线是抛物线型,面板直接焊接在弦杆上,双拱桁架之间由腹杆交叉桁架(见图 6-2-2)连接,适合于双向受力。经比较,曹娥江工程采用双拱钢管结构闸门比实腹梁格

图 6-2-2　双拱桁架腹杆交叉桁架连接闸门

闸门结构节省 30% 左右的用钢量。

　　图 6-2-3 为曹娥江挡潮闸全景。

图 6-2-3　曹娥江挡潮闸全景

第七章 国内外古代部分水利工程

第一节 国外古代部分水利工程

一、两河流域古代水利工程

幼发拉底河与底格里斯河流域的灌溉工程至少可以追溯到公元前 2000 年。两河之间的区域称作美索不达米亚(Mesopotamia)。两河流域天然的坡降构成了开挖引水渠的极好条件。此外,幼发拉底河与底格里斯河每年的洪水都发生在对农耕不利的季节,而且来势迅猛。在巴比伦第一王朝(公元前 1894 年~前 1595 年)的国王汉穆拉比(公元前 1792~前 1750)统治时期就统一了两河流域。当时颁布的《汉穆拉比法典》已经有了许多关于灌溉、水权的明确规定,可见当时的灌溉已很普遍。

两河流域筑坝是从伊拉克开始的。森纳切里布(Sennachherib)国王(公元前 704 年~前 681 年在位)为位于巴格达以北 355 km 处的尼尼微(Nineveh)城(当时的首都)建造了一套当时比较完善的供水系统,输水道长 80 km,包括若干座堤坝。其中,第 1 座坝是公元前 703 年建造的克斯里(Kisiri)坝(或称加印坝),目的是把霍斯河(Khosr)水引入 15 km 长的渠道送往尼尼微城的主干道。第 2 座坝是尼尼微城附近的阿吉拉(AJilah)坝,建于公元前 694 年。该坝正好位于一条来自东北部山区的渠道与霍斯罗河的汇合处的下方。这样,形成了该渠道渠尾蓄水池,并且保护了下游的森纳切里布国王的人工沼泽。第 3 座坝建在戈迈尔(Gomel)河上的巴菲安(Bavian)附近,当时建造该坝的目的是把戈迈尔河水引入一条 55 km 长的渠道送到霍斯河。该坝建于公元前 691 年~前 690 年间,它包括一条横跨杰万(Jerwan)河谷、高 10 m、长 300 m 的渡槽。

公元前 714 年,当时身为王储的森纳切里布在其父辈成功征服乌拉尔图的前后就曾多次派人对水利工程进行查勘。尽管在综合利用可用河流水资源方面的基本原则与世界其他地方相同,但所建的大坝却有所创新。根据现存的阿吉拉坝和克斯里坝的详细资料发现,它们是毛石圬工低引水堰,其上游坝面均为垂直状,而且阿吉拉坝的上游坝面还衬有琢石坝面。宽阔的溢流堰坝之后做成阶梯状,即向下倾斜的下游堰面。这两座堰坝以拉长了的 S 形斜跨在河道上,以便能获得宣泄霍斯河大洪水所需的溢流宽度。阿吉拉坝的总长约 230 m,高约 3 m。

新巴比伦帝国(公元前 626 年~前 539 年)时期,尼布甲尼撒二世(公元前 604 年~前 562 年)使巴比伦成为西亚最富庶的地区。他维修原有的水渠,还新建了配套的渠系。在扩建王宫时,建造了世界七大奇迹之一的空中花园,使用了原始的喷灌技术。

在赛萨尼安国王乔思罗斯一世时期(531 年~579 年),在巴格达东南 100 km 处萨马拉(Samarra)与贾尔杰拉雅(Jarjaraya)附近建成了基斯拉维—塔马拉—纳哈拉旺引水渠系。

图 7-1-1 为印度斯里赛拉姆坝。

图 7-1-1　印度斯里赛拉姆坝

二、尼罗河流域古代水利工程

在尼罗河河谷地和利比亚高原等地曾经发现一些旧石器时代的遗物,其中最早的可追溯到六七十万年前,甚至 100 万年前。大约在一两万年前,由于气候发生重大变化,北非大部分地区变成不毛之地,人们逐渐聚集到尼罗河流域,依靠河水泛滥的平原和沼泽地,过着渔猎采集生活。

公元前 2900 年左右,埃及人就在开罗以南 20 km 处的考赛施(Kosheish)修建了保护孟菲斯城免受洪水袭击的导水堤。公元前 2650 年左右,即金字塔时代的初期,埃及人在杰赖维干河(WadiGarawi)上建设了异教徒坝(Sadd el Kafara Dam)。该坝高 14 m,坝顶长 113 m,它所形成的水库库容为 50 万 m^3。由于缺乏经验,坝体横断面设计过大,从而使坝体填筑方量高达 8.7 万 m^3,建设工期长达 8~10 年。

约在公元前 20 世纪或公元前 19 世纪,古埃及第十二王朝的法老塞索斯特里斯三世当政时期,从尼罗河支流上的扎加济格附近经大苦湖、小苦湖到苏伊士开凿了一条间接沟通地中海与红海的古苏伊士运河。后因泥沙淤积失修而废弃。约在公元前 6 世纪,古埃及第二十一王朝尼科二世曾开凿连接地中海和红海的运河,但直到公元前 250 年前后才完成。由于泥沙淤积,运河需要经常疏浚,且时通时断,到 775 年废弃。

由于青铜器的发明和使用,社会经济有了新的发展。在法尤姆(Faiyum)绿洲进行了大规模的水利工程建设,开垦出大片土地,兴建了新的城市。奴隶制逐步发展。公元前 2300 年前后在开罗以南 90 km 的法尤姆盆地建造了一座坝长超过 8 000 m、坝高 7 m 的美利斯(Moeris)坝,其结构和后来罗马工程师们经常采用的结构一样,垂直圬工挡水墙由下游侧的支墩和填筑体支撑。该坝形成的美利斯水库是一灌溉系统的组成部分,该系统通过优素福(Yusef)引水渠引尼罗河水进行灌溉。

公元前1842年～前1798年在开罗以南950 km的塞姆纳(Semna)附近的尼罗河上筑坝建堤,以解决途经尼罗河上第二大急流时的航运问题。

公元前3世纪建设的马拉(Mala)水库具有约2.75亿 m³的巨大库容。如果尼罗河汛期有超量的水流入水库,则水还可以被排至西部的加拉克(Gharaq)盆地。库内所蓄存水在来年之初则可通过2个出水口放出,用于二茬作物灌溉,而且泄水后的库区仍可耕种农作物。尽管这座坝的最高部位存在几处裂口,但马拉水库一直运行到18世纪末,即运行了2000多年。为了控制流入法尤姆盆地的总水量,公元前1世纪在拉胡思(Lahun)以东约11 km处设置了1座调节建筑物。

公元前920年～前350年,苏丹为了在半干旱地区开辟新的居住区,修建了数以百计的小型蓄水池,以便汇集自上而下的径流。围池堤坝的填筑材料均取自池底,以便增加其容量。只要用提水装置就可取用蓄存于地表以下位置的水。那些蓄存于地表以上的水则可直接通过设在围堤上的临时口门流出,当水池蓄水泄空后,口门即被封堵。这种水池大多数规模很大,有几座自其围堤顶部计直径可达250 m,其中最大的一座坐落在喀土穆东北130 km处,其围堤长800 m、高15 m,上、下游坡面坡度为1∶2,池底开挖深度为15 m,且向池底中心的开挖倾斜坡度为1∶6,蓄水量在50万 m³以上。这座水池运行了近1 500年,运行后期,在围堤底部修建了一条长60 m、宽0.5 m、高1 m,洞壁为干砌石,洞顶盖有大块石板的泄水隧洞。

图7-1-2为埃及阿斯旺大坝泄洪图片。

图7-1-2　埃及阿斯旺大坝泄洪图片

第二节 我国古代部分水利工程

一、安丰塘

安丰塘古称芍陂,又称期思陂,位于寿县县城南 30 km 处,是淮河流域著名古陂塘灌溉工程,被誉为"神州第一塘",为春秋楚庄王十六年至二十三年(公元前 598 年～前 591 年),由孙叔敖创建(一说为战国时楚子思所建),至今已有 2 600 余年历史。初期工程内容是将三面泄流的溪水汇集在低洼的芍陂中,在出口处修建了 5 座"水门",用石质闸门控制水量,水涨则开门泄放,水消则关门蓄水,这实质上就是一座石质的闸坝,其运用原理与现在水库的控制运用相符。从淠河开挖子午沟到芍陂引淠水,芍陂水源有了保证。

《芍陂纪事》中记载"溯其初制,引六安百余里之水,自贤姑墩入塘,极北至安丰县,折而东至老庙集,折而南至皂口,又南合于墩,周围凡一百余里。此孙公当日之全塘也。"北魏《水经·肥水注》始记载芍陂规模颇为详备:"陂水上乘涧水五门亭南,别为断神水,又东北经五门亭东,亭为二水三会也。断神水又东北迳神迹亭东,又北,谓濠水,……又东北径白芍亭东,积而为湖,谓之芍陂。陂周百二十许里。在寿县南八十里,……陂有五门吐纳川流,西北为香门陂,陂水北迳孙叔敖祠下,谓之芍陂渎,又北分为二水,一水东注黎浆水,黎浆水东迳黎浆亭……东注肥水,谓之黎浆水口……肥水又左纳芍陂渎,渎水自黎浆分水,引渎寿春城北,迳芍陂门右,北入城。……渎水又北迳相同城东,……又北出城注肥水,又西迳金城北,又西,左合羊头溪水。……北迳熨湖,左会烽水渎。……迳寿春城北,又北历象门,自沙门北,出金城西门逍遥楼下,北注肥渎。"

《水经·肥水注》详述了芍陂源流与工程规模,"陂有五门,吐纳川流",其中四门进水,一门泄水。《资治通鉴》元胡三省注引《华夷对镜图》:"芍陂……开六门。"发展到隋代,经整修增辟为 36 门。延续到宋代,这 36 水门仍起到调节灌溉用水的作用。明嘉靖《寿州志》详记当时 36 门的具体名称及其流经地点,灌渠总长达 783 里。清代芍陂水门迭有兴废增减,乾隆至光绪间均为 28 门。清乾隆二年(1737 年)始在众兴集以南,建筑滚水石坝。到民国年间,芍陂灌溉效益越来越低,1949 年实灌面积仅 8 万多亩。

安丰塘目前为全国重点文物保护单位。塘堤周长 25 km,面积 34 km²,蓄水量 1 亿m³。放水涵闸 19 座,灌溉农田面积 93 万亩。

视芝祥在《安丰塘灌溉工程发展简史》(见燧君漫谈的博客)http/b/og:sina. com. cn/zhujunsui)中,对安丰塘的名称、起源、发展、水源以及工程存在问题等方面进行了详细论述。图 7-2-1 为古安丰塘平面图。

二、郑国渠

公元前 246 年(秦王政元年)的秦国,韩国水工郑国主持兴修的关中大型灌溉渠,工期十年。它西引泾水东注洛水,长达 300 余里。泾河从陕西北部群山中冲出,流至礼泉

图 7-2-1　古安丰塘平面图

就进入关中平原。平原东西数百里,南北数十里。平原地形特点是西北略高,东南略低。郑国充分利用这一有利地形,在礼泉县东北的谷口开始修干渠,使干渠沿北面山脚向东伸展,很自然地把干渠分布在灌溉区最高地带,不仅最大限度地控制灌溉面积,而且形成了全部自流灌溉系统,可灌田四万余顷。郑国渠开凿以来,由于泥沙淤积,干渠首部逐渐填高,水流不能入渠,历代以来在谷口地方不断改变河水入渠处,但谷口以下的干渠渠道始终不变。

　　目前发现有三个南北排列的暗洞,即郑国渠引泾进水口。每个暗洞宽 3 m,深 2 m,南边洞口外还有白灰砌石的明显痕迹。地面上开始出现由西北向东南斜行一字排列的 7 个大土坑,土坑之间原有地下干渠相通,故称“井渠”。郑国渠工程之浩大、设计之合理、技术之先进、实效之显著,在我国古代水利史上是少有的,也是世界水利史上所少有的。

　　图 7-2-2 为秦代至汉代郑国渠演变图。

三、灵渠

　　灵渠,始建于秦代,是中国古代修建的三大水利工程之一,也是目前世界上尚存的最古老的人工运河之一,它位于广西壮族自治区东北部的兴安县境内。灵渠流向由东向西,将兴安县东面的海洋河(湘江源头,流向由南向北)和兴安县西面的大溶江(漓江源头,流向由北向南)相连,是世界上最古老的运河之一,有着“世界古代水利建筑明珠”的美誉。

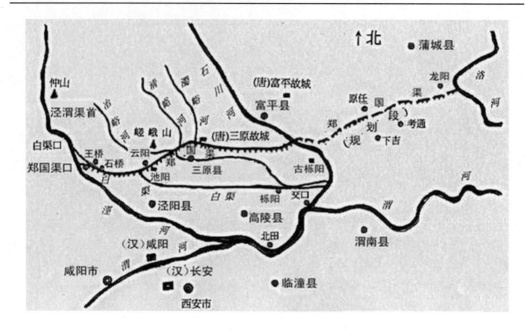

图 7-2-2　秦代至汉代郑国渠演变图

　　灵渠的工程主要包括大小天平石堤、铧嘴、南渠、北渠、陡门和秦堤。大小天平石堤起自兴安城东南龙王庙山下,呈"人"字形,左为大天平石堤,伸向东岸与北渠口相接;右为小天平石堤,伸向西岸与南渠口相接。铧嘴位于"人"字形石堤前端,用块石砌筑,锐削如铧犁。铧嘴将湘江上游的海洋河水分开,使之三分入漓,七分归湘。天平石堤顶部低于两侧河岸,枯水季节可以拦截全部江水入渠,汛期洪水又可越过堤顶,泄入湘江故道。南渠即人工开凿的运河,在湘江故道南,引湘水穿兴安城中,经始安水、灵河注入大榕江入漓。因海洋河已筑坝断流,又在湘江故道北开凿北渠,使湘漓通航。

　　南渠、北渠是灵渠主体工程,总长 34 km(包括始安水 – 灵河段)。陡门为提高水位、束水通舟的设施,明、清两代仍有陡门 30 多处。秦堤始自小天平石堤,终点至兴安县城上水门东岸,长 2 km。灵渠的修建,连接了长江和珠江两大水系,对岭南的经济和文化发展有很大的促进作用。湘、桂间铁路和公路建成后,灵渠已被改造为以灌溉为主的渠道。

　　灵渠的凿通,沟通了湘江、漓江,打通了南北水上通道,为秦王朝统一岭南提供了重要的保证,大批粮草经水路运往岭南,有了充足的物资供应。公元前 214 年,即灵渠凿成通航的当年,秦兵就攻克岭南,随即设立桂林、象郡、南海 3 郡,将岭南正式纳入秦王朝的版图。

　　灵渠连接了长江和珠江两大水系,构成了遍布华东华南的水运网。自秦以来,对巩固国家的统一,加强南北政治、经济、文化的交流,密切各族人民的往来,都起到了积极作用。灵渠经历代修整,依然发挥着重要作用。

　　图 7-2-3 为兴安灵渠。

图 7-2-3　兴安灵渠

四、京杭大运河

京杭大运河是中国古代一项伟大的水利工程,也是世界上开凿最早、里程最长的大运河。它南起浙江杭州,北至北京通县北关,全长 1794 km,贯通六省市,流经钱塘江、长江、淮河、黄河、海河五大水系。其开凿经过了三个历史阶段:公元前 486 年,吴王夫差首次在扬州开挖邗沟,沟通了长江和淮河。至 7 世纪的隋炀帝时期和 13 世纪的元代,又先后两次大规模地开凿运河,终于建成了这条沟通我国南北漕运的大动脉。从天津到通县北关、张家湾一段,叫北运河,又称之路河,全长 186 km。从通县至北京城的一段名为通惠河,该河是元代初年由伟大的水利专家、天文学家郭守敬设计修建的。因北京地势比通县高,在通惠河上修筑了五道闸门,控制水位,使南来的大船可直达北京城内的积水潭。那时积水潭"舳舻蔽水",成为一个南北漕运的大港口,附近市场繁荣,盛况空前。京杭大运河畅通了数百年,这对促进大江南北经济文化的交流、解决南粮北调等问题,均发挥了重要作用。

南旺分水枢纽工程是京杭大运河上的一个伟大创举。工程由戴村坝、小汶河和泉源组成,它先在汶上筑戴村坝截汶水,再开挖小汶河引汶水至南旺分水口;汶上县东北各山泉汇入泉河至分水;最后在小汶河入运的"T"字形水口建分水拨剌(鱼嘴),使其南北分水。整个分水枢纽以漕运为中心,疏河济运、挖泉集流、蓄水济运、泄涨保运、增闸节流;工程坝址选定合理且具有高度的科学性,其建坝设闸的原理和巴拿马运河以及葛洲坝工程都有相似之处;工程堪与都江堰相媲美,解决了京杭运河汶上县南旺地段因水浅难以通航的问题。

2010 年,考古专家在山东聊城发掘了京杭大运河土桥水闸,土桥闸遗址位于聊城市东昌府区梁水镇土闸村中。土桥闸始建于明成化七年(1471 年),清乾隆二十三年(1758

年)拆修。土桥闸由闸口、迎水、燕翅、分水、燕尾、裹头、东西闸墩及南北侧底部保护石墙和木桩组成。闸口呈南北长方形,南北长 6.8 m,东西宽 6.2 m,深 7.5 m。该水闸用来调节水位,以保证运河能正常行船。

图 7-2-4 为京杭大运河平面位置图,图 7-2-5 为大运河戴村坝,图 7-2-6 为土桥闸遗址图片。

图 7-2-4　京杭大运河平面位置图

图 7-2-5　大运河戴村坝

图7-2-6 土桥闸遗址图片

五、鉴湖

鉴湖又称镜湖,还有南湖、长湖、大湖、贺监湖等较多别名,位于浙江省绍兴郊县境内。是与芍陂齐名的古代大型水利工程,虽然鉴湖已湮废近900年,但由于工程具有的先进性,仍具有重要的参考价值。

鉴湖是东汉会稽太守马臻于140年(永和五年)主持创建的大型灌溉工程,还具有防洪、航运和城市供水的综合效益,是关江以南最古老的大型农田水利工程之一。由于其对古代山会平原农田水利的重要作用,也是我国东南地区历史上的著名湖泊。

通过在湖的北边修建堤防即形成鉴湖,湖堤全长127里,以会稽郡城为中心分为东西两段,东段自五云门至曹娥江长72里;西段自常禧门至浦阳江,长55里。湖堤围成以后,堤内河湖因遭到拦截而泛滥漫溢。于是,湖堤与稽北丘陵之间,从山麓冲积扇以下,包括所有平原洼地河漫滩等,积水成为一片泽国,形成了早期永和年代的鉴湖。当时鉴湖东起曹娥镇附近,向西经过今绍兴城南,然后折向西北而止于钱清镇附近;湖的南界是稽北丘陵的山麓线,北界是湖堤。全湖呈狭长形,周围长度据记载为358里,包括湖中洲岛在内面积为206 km^2。由于东部地形略高于西部,全湖实际上又分成两部分,以郡城东南从稽山阴到禹陵全长6里的驿路作为分湖堤:东部称为东湖,面积约107 km^2;西部称为西湖,面积约99 km^2。东湖水位一般较西湖高0.5～1m。鉴湖来水中独流入湖的主要河流近20条,包括若干支流在内,古人称鉴湖三十六源。图7-2-7是鉴湖早期的轮廓水系。

最早记载鉴湖的是刘宋时期《会稽记》的作者孔灵符,他说鉴湖"筑塘蓄水高丈余,田又高海丈余。若水少则泄湖灌田,如水多则开(应为闭)湖泄田中水入海,所以无凶年。堤塘周回三百一十里,溉田九千顷",《会稽记》久已佚失,这段文字出自北宋的《太平御

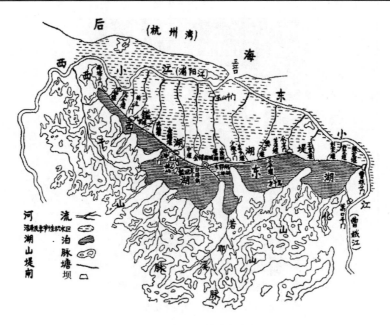

图 7-2-7　鉴湖早期的轮廓水系

览》,类似引文还见于唐代杜佑的《通典州郡十二》和南宋的《嘉泰会稽志镜湖》。《嘉泰会稽志》的引文作《旧经》云:湖水高平畴丈许,筑塘以防之,开而泄之。平畴又高海丈许。田若少水,则闭海而泄湖水,足而止,若苦水多;则闭湖而泄田水,适而止。故山阴界内比畔接疆,无荒废之田,资水旱之岁。可见,《旧经》即《会稽记》扼要地概括了鉴湖的水利形势。

在整个湖泊形成后,湖内仍有较多浅滩,在枯水季节可以局部涸出。此外,湖内还分布着许多洲岛,较著名的如三山、姚屿、道士庄、千山等。这些洲岛周围和其他湖底浅处,仍时常进行耕种。鉴湖作为一个农田水利工程,基本上解决了稽北丘陵诸河对山会平原的洪水威胁,也替山会平原储备了大量灌溉用水。

工程的另一重要组成部分是涵闸排灌设备。涵闸系统主要包括斗门、闸、堰、阴沟等四种。斗门属于水闸一类,主要布置于鉴湖和潮汐河流直接沟通之处,既用于排洪,也用于拒咸,关系最为重要。闸和堰设置于鉴湖和主要内河沟通之处,规模不及斗门,而堰比闸更为简单。闸和堰的作用一方面是排洪,另一方面是供给内河以灌溉用水,并保证内河以通行舟楫的必要水位。此外就是阴沟,是沟通湖内和湖外内河的小型输水通道,其作用和闸、堰相当。斗门、闸、堰等设置,历代有所增减。广陵、朱储和曹娥斗门可能是早期建成的闸堰之中的3座。在郦道元时期鉴湖上已有水门69座。公元1063年,曾巩在《序越州鉴湖图》上分别记载了有灌溉和泄洪两种不同功用的泄水建筑物。用于灌溉的在东湖上,有阴沟14座;西湖上则只有柯山斗门1座。此外位于东湖东端的曹娥斗门和篙口斗门,其功用是使"水之循南堤而东者亩之以入于东江"。而西湖上的广陵斗门和新径斗门则是用于泄湖水入于西江。其余的灌溉斗门和阴沟也可用以泄洪,只是泄水量较小。以上斗门阴沟都设在鉴湖堤上。

鉴湖北临西兴运河,还有主要用于向运河供水的闸门。都泗堰闸是其中的 1 座。

因此,鉴湖通过斗门、堰闸,防水或导水入城的堰,具有蓄水灌溉、防洪与航运的功能,还有防止咸潮内侵的功用(玉山斗门),作为 1 座完整的区域性水利系统,工程技术在当时已处于国内领先地位。

参 考 文 献

[1] 周魁一. 中国科学技术史. 水利卷[M]. 北京:科学出版社,2002.

[2] 中国水利百科全书编辑委员会. 中国水利百科全书. 1～4卷[M]. 北京:水利电力出版社,1992.

[3] 郑连第. 中国水利百科全书(水利史分册)[M]. 北京:中国水利水电出版社,2004.

[4] 陈宗舜. 大坝·河流[M]. 北京:化学工业出版社,2009.

[5] 王鸿生. 世界科学技术史[M]. 北京:中国人民大学出版社,2008.

[6] 王伟夫,刘小兵. 水力液压双控翻板闸门在水电工程中的应用[J]. 西华大学学报(自然科学版),2013,32(6):95-98.

[7] 严根华. 我国大跨度闸门应用趋势与抗振对策[J]. 水利水运工程学报,2009(4):134-142.

[8] 中国农业百科全书总编辑委员会水利卷编辑委员会. 中国农业百科全书·水利卷上[M]. 北京:中国农业出版社,1986.

[9] 陆吾华,侯作启. 橡胶坝设计与管理[M]. 北京:中国水利水电出版社,2005.

[10] 颜宏亮,联伟强,张洪存,等. 王堤口渡槽橡胶布双曲扁壳新型闸门的构造原理[J]. 山东农业大学学报(自然科学版),2004,35(2):268-272.

[11] 中华人民共和国水利部. 水力自控翻板闸门技术规范:SL 753—2017[S]. 北京:中国水利水电出版社,2017.

[12] 湖南省水利水电勘测设计研究总院. 中小型水利水电工程典型设计图集. 挡水建筑物分册:橡胶坝与翻板坝[M]. 北京:中国水利水电出版社,2007.

[13] 河海大学水利水电工程学院. 中小型水利水电工程典型设计图集. 水工闸门分册[M]. 北京:中国水利水电出版社,2007.

[14] 中华人民共和国质量监督检验检疫总局,中国国家标准化管理委员会. 水利水电工程钢闸门设计规范:SL 74—2013[S]. 北京:中国标准化出版社,2013.

[15] 季昌化,朱水生,郑毅. 中小河流闸坝新选择——液压升降坝[J]. 水利水电快报,2015(12):27-29.

[16] 张金,赵鹏,马琳. 液压升降坝在海河流域河道治理工程中的应用[J]. 建筑工程技术与设计,2015(3):512.

[17] 杨绍金,肖建军,钱圣,等. 一种新型复合坝在城市河道中的成功运用[J]. 水利水电技术,2016,47(5):29-32.

[18] 池丽敏,胡峥嵘,苏琴. 气盾闸在长治市黑水河治理工程中的应用[J]. 城市道桥与防洪,2016(10):96-97.

[19] 郭庆华,张吉祥. 气盾闸在淄博孝妇河综合整治中的应用[J]. 山东水利,2017(4):43.

[20] 陆静依. 荷兰新水道挡潮闸简介,上海水务,2001(3):51-53.

[21] 史陇俊,李刚,霍瑞航,等. 气盾坝在房山区拒马河上的应用[J]. 北京水务,2013(A01):23-24.

[22] 北京市水利规划设计研究房山分院. 北京市房山区拒马河应急抢修工程. 2012.

[23] 北京市水利规划设计研究房山分院. 房山区龙锐旅游度假山庄气盾坝工程,2015.

[24] 任淑娟,贾永明,刘东海,等. 南四湖湖东堤水闸优化设计[J]. 水利技术监督,2005,13(6):57-59.

[25] 季永兴,卢永金,陈文伟,等. 苏州河河口水闸工程设计特色[J]. 水利水电科技进展,2007,27(A01):5-7.

[26] 胡国智,王防修. 官蟹航运枢纽舌瓣闸门设计[J]. 水工机械技术 2008 年论文集,119-123.

[27] 商志红,唐渊.三角洲工程东斯海尔德挡潮闸的设计与施工[J].水利水电快报,2008,29(3):1-4.

[28] 丁正忠,杨光,姚宏超.大跨度闸门建设实例及思考[J].人民黄河,2012,34(9):145-148.

[29] 谢丽生.拱形结构在大跨度闸门中的应用研究[D].上海:同济大学,2009.

[30] 米嘉,刘霞,李文凌.巴基斯坦汗华水电站弧形舌瓣门制造技术[J].水电站机电技术,2011,34(1):27-29.

[31] 胡霜天.巴帕南水闸工程双扉闸门设计[J].水力发电,2004,30(5):71-73.

[32] 徐泽平,郭军.俄罗斯圣彼得堡防潮工程建设的若干历史经验[J].中国水利水电科学研究院学报,2007,5(4):305-310.

[33] 辛华荣,顾晓峰,常语锋,等.常州钟楼防洪控制工程与马斯兰特挡潮闸门型对比浅析[J].江苏水利,2013(3):5-7,10.

[34] 辛华荣,李学荣,王兵,等.超大有轨弧形平面双开钢闸门制造与安装的控制要点[J].江苏水利,2013(6):6-7.

[35] 陈陆,孙叔敖.成就雄楚霸业的一代贤相[J].中国三峡,2008(10):86-91.

[36] 任淑娟,贾永明,王蓓,等.大跨度水闸工程与船闸结合优化设计研究与应用[J].水利科技与经济,2009,15(2):114-116.

[37] 何勇.大型浮体闸设计与施工实践[D].南京:河海大学,2007.

[38] 张春华.高水头平面钢闸门静力特性分析研究——小湾水电站链轮闸门轮压分布及变形应力分析[D].南京:河海大学,2005.

[39] 陈冠雄.广州市花地河北闸上翻式拱形闸门的安装工艺[J].广东水利水电,2012(4):68-70.

[40] 徐立荣,邓萌,赵军.南京秦淮河三汊河口闸的景观效应建筑与环境设计特点[J].水利水电工程设计,2009,28(3):19-20.

[41] 张志强,黄颖蕾.南京市三汊河口闸水工建筑物设计特点[J].水利水电工程设计,2011,30(1):14-16.

[42] 李文钦.升卧式闸门在水库加坝扩建工程中的应用[J].小水电,2012(1):20-22.

[43] 水电站机电设计手册编写组.水电站机电设计手册　金属结构(一)[M].北京:水利电力出版社,1988.

[44] 宋贤良.水力自动门理论与设计研究[D].扬州:扬州大学,2002.

[45] 李昊.水力自动滚筒闸门振动特性的试验研究及数值模拟[D].呼和浩特:内蒙古农业大学,2013.

[46] 胡友安,常语峰,顾晓峰.苏南防洪超大型平面弧形双开闸门设计[J].水工机械技术2008年论文集,101-104.

[47] 陈文伟,卞建,孙美玲,等.苏州河河口水闸液压启闭机设计与同步控制[J].水利水电科技进展,2007,27(A01):8-10.

[48] 罗畅,严克兵,任松林.卧虎山水库溢洪道闸室加固设计[J].水利科技与经济,2012,18(11):25-26.

[49] 于桂云,刘祥高,单既连.峡山水库溢洪闸加固工程关键技术探讨[J].山东水利,2012(8):3-5.

[50] 余俊阳,易春,罗文强,等.小湾拱坝放空底孔闸门设计研究[J].水电2006国际研讨会论文集,2006.

[51] 朱世哲,罗尧治.新型双拱钢管结构闸门的应用与研究[J].土木工程学报,2008,41(1):35-41.

[52] 王蓓.新型水闸在水利工程中的应用研究[D].济南:山东大学,2011.

[53] 刘慎柏.荷兰马斯兰特拦风暴闸简介[J].湖南水利水电,2000(5):51-52.

[54] 和桂玲,许尚伟,柏文.刘家道口枢纽工程设计和施工进展情况简介[J].山东水利科技论坛,2006.

[55] 和桂玲,李清华,齐进,等.刘家道口枢纽工程方案比选与研究[J].山东水利,2004(12):29-30.

[56] 董耀华,刘同宦.荷兰水利工程考察[J].水利电力科技,2008,34(3):1-7.

[57] 金海,王建平.国外大型挡潮闸工程建设[M].北京:中国水利水电出版社,2017.

[58] 兴安灵渠[J]. 广西城镇建设,2010(12):125-126.

[59] 姚汉源. 京杭运河史[M]. 北京:中国水利水电出版社,1998.

[60] 周魁一,蒋超. 古鉴湖的兴废及其历史教训[J]. 中国历史地理论丛,1991(3):203-234.

[61] 陈桥群. 古代鉴湖兴废与山会平原农田水利[J]. 地理学报,1962(3):187-201.

[62] The Design and Construction of Dams:Including Masonry, Earth, Rock – Fill, Timber, and Steel Structures, Also the Principal Types of Movable Dams, Edward Wegmann, C. E., New York John Wiley & Sons, London:Champman & Hall, Limited, 1908.

[63] The Canalization of the Lower Rhine, RIJKSWATERSTAAT COMMUNICATIONS, Nr. 10, Ir. A. C. De Gaay and Ir. P. Blokland,1970.

[64] Design of Movable Weirs and Storm Surge Barriers, InCom Working Group 26, EXTRAIT, Juin 2006.

[65] New Canalisation of the Nederrijn and Lek APPENDIX, Design of a weir equipped with fibre reinforced polymer gates which is designed using a structured design methodology based on Systems Engineering, ARCADIS, TUDelft, Henry Tuin January 2013.

[66] Tokyo Bay storm surge barrier:A conceptual design of the moveable barrier, TUDelft, Kaichen Tian,.

[67] The Delta Project, Preserving the Environment and Securing Zeeland Against Flooding, Ministry of Transport and Public Works, Information Division, Plesmanweg 5 – Den Haag, January, 1989.

[68] 汉斯特水务公司, HST Systemtechnik 系统化解决方案, https://www. hst. de/index. php? id = ru0& L = 2810,2018. 8.

▲ 意大利威尼斯摩西水闸

▲ 日本红闸

▲ 日本青闸

▲浙江曹娥江挡潮闸

▲广州花地河上翻式拱形闸门

▲潍坊峡山水库溢洪闸

▼南京三汊河双镜闸门　　　　　▼荷兰海捷因斯坦水闸

▲英国泰晤士河水闸

◄淄博孝妇河气盾闸

▲荷兰哈灵水道闸坝

▼俄罗斯涅瓦河口挡潮闸

▲荷兰东斯海尔德挡潮闸

▼常州新闸防洪控制工程浮体闸

▲日本沼津港大型展望水门